천 번을
흔들리며
아이는
어른이 됩니다

사춘기 성장 근육을 키우는
뇌·마음 만들기

천 번을
흔들리며

아이는
어른이 됩니다

김봉년 지음

21세기북스

"불안을 이겨내는 기적은 네 안에 있어"

지금 혼란스럽고 불안한 건,

앞으로 나아가고 싶은 마음이 크다는 증거입니다.

마음속 불안을 다정하게 받아들일 때

더 나은 '나'로 성장하는 법을 알게 될 거예요.

아이의 든든한 버팀목이
되고 싶은 부모님께

"우리 아이를 어떻게 하면 더 잘 도와줄 수 있을까?" 청소
년기 자녀를 둔 많은 부모님이 고민하는 부분입니다. 병
원과 교육 현장에서 만나는 부모님들 대부분이 청소년기
에 진입하는 아이의 변화에 대해서 당혹스러워하시곤 합
니다. 어떤 아이는 작은 일에도 민감하고 화를 잘 내서, 어
떤 아이는 분명 힘들어 보이는데도 의사 표현을 하지 않
아서, 어떤 아이는 게임에 온종일 매달려 있어서, 어떤 아
이는 자해와 관련된 사진과 문구를 SNS에 자주 올려서
등등 그 이유와 상황은 매우 다양합니다.

돕고 싶은 마음에 "괜찮아?"라고 물으면, 아이는 늘 "신경 쓰지 마. 언제부터 나한테 관심이 있었어. 내 성적에만 관심이 있잖아"라고 톡 쏘아붙입니다. 그간 아이를 키운 노고에 대한 보답이 이런 것인가 하는 좌절감을 느끼실 테지요. 그래도 아이를 돕기 위한 최선의 방법을 찾기 위해 유튜브에 검색을 해보기도 하고, 부모님들끼리의 대화방에 고민의 글도 올려봅니다. 정말 쉽지 않은 상황의 연속입니다. 하지만 이것 하나는 분명합니다. 우리 아이들은 무엇이든 열심히 해 보려는 마음(갓생)을 분명히 갖고 있다는 것이죠.

그런데 열심히 하는 아이들일수록 자신이 부족하다는 생각에 사로잡히는 경우가 많습니다. 불안해하고 자책하게 됩니다. 게임과 SNS에 매달려 아무것도 안 하는 것처럼 보이는 아이조차도 '이렇게 살면 안 되는데……' 생각하면서 마음속에 불안과 걱정이 가득합니다. 아이들은 '불안'으로부터 어떻게 빠져나가야 할지 몰라 헤매는 경우가 참 많아요.

저는 진료실에서 공부와 성적에 대한 좌절 때문에 스스로 신뢰를 잃어버린 아이들을 많이 만났습니다. 심지어 요즘은 많은 아이들이 "내가 ADHD가 아닐까?"라고 의심합니다. 인터넷으로 자신의 상태를 ADHD 증상과 비교하여 찾아보고, 그 진단을 스스로가 내리는 모습에 더욱 걱정이 커집니다. 부모님들 역시 어떻게 도와줘야 할지 막막해하실 것이라고 짐작됩니다.

아이들은 성장해 나갈수록 점점 부모와의 소통을 줄이고 친구와의 소통을 늘려 나갑니다. 자신의 어려움을 내색하려 들지 않는 것은 물론이고, 대화 자체를 원하지 않는 아이들도 많습니다. 부모님의 애정 어린 도움의 손길에 반항적인 태도를 보이기도 합니다. 불과 2~3년 전인 초등학교 때까지만 해도 부모님의 퇴근 시간이 되면 달려와 안기며 애교를 부리던 아이가 이제는 더 이상 대화를 원하지 않게 됩니다. "아빠처럼 살기 싫어"라고 반항적인 말을 할 때면 부모님의 마음은 '쿵' 하고 무언가 마음속이 요동치는 아픔을 느끼실 겁니다. 소통을 거부하니 자연스럽게 큰 혼란과 막막함을 더더욱 느끼게 되고요. "우리 아

이가 왜 이렇게 변했지?", "어떻게 도와줘야 할까?" 하는
질문이 머릿속에서 떠나지 않으실 겁니다.

저는 10대에 극적으로 변화하는 우리 아이의 뇌Brain,
몸Body, 마음Mind 그리고 관계Relationship의 변화를 제대로
이해하는 일이야말로 '청소년기'라는 어려운 단계와 과정
을 잘 지나갈 수 있게 도와주는 아주 중요한 일이라고 생
각합니다.

아이들의 뇌가 급격히 발달하고, 성호르몬 변화가 일어
나면서 아이들이 겪는 감정의 예민성은 증가할 수밖에 없
습니다. 여기에 우리나라의 특수한 교육 환경, 즉 끊임없
는 경쟁과 학업 스트레스가 더해지면서 아이들은 심리적
으로 큰 혼란을 겪게 됩니다. 혼란 속에서도 아이들은 자
신만의 기준과 논리로 세상을 이해하려고 애쓰게 됩니다.
자신을 둘러싼 규칙과 규범에 의문을 가지고, 나름대로
해답을 찾아나가는 동시에 '나만의 것' 즉, 자아정체성을
만들어가게 됩니다. 우리 아이의 이 힘든 과정을 연민의
눈으로 조금만 더 이해하고 소통해 주신다면, 아이와의

갈등도 훨씬 줄어들 것입니다. 아이들의 '태도'를 문제 삼기보다는, 아이들의 이야기를 더 많이 들어주려는 자세를 가지는 것이 중요합니다.

많은 문제는 이 시기에 아이들이 겪는 정서적인 어려움을 부모나 어른들이 제대로 보듬어주지 못할 때 생깁니다. 아이들이 자신에게 가해지는 압박감이나 정서적 혼란 속에서 적절한 도움을 받지 못하고, 오히려 부모님이 비난하거나 강압적인 태도로 대한다면 불안감을 비롯하여 분노와 반항심은 더욱 커질 수밖에 없습니다. 특히 부모님이나 어른들이 아이의 사적인 영역을 침범하거나 무시하는 말, 즉 "넌 안 돼", "이런 성적으로 뭐가 되겠니?" 같은 말을 반복해서 던지면, 아이의 마음은 깊은 상처를 받게 됩니다. 이런 상황이 반복되면 아이들은 점점 더 마음을 닫게 되고 고립되면서 우울, 불안, 공격성, 반항 같은 문제로까지 악화됩니다. 그렇다면 어떻게 우리 아이들의 마음에 진심으로 공감하고 서로를 더 잘 이해할 수 있을까요? 어떻게 이 아이들을 더 효과적으로 도와줄 수 있을까요? 위기로부터 벗어나 당당히 자신만의 길을 갈 수 있도록 응원하고 격려할 수 있을까요?

　이 책 『천 번을 흔들리며 아이는 어른이 됩니다』는 바로 그런 고민을 하는 부모님들과 10대 아이들을 위해 쓰였습니다. 자폐 스펙트럼에서 ADHD 그리고 10대의 정서문제부터 행동문제까지, 저는 30년 넘게 소아·청소년 정신의학 전문의로 진료실에서 수많은 아이들과 부모님들을 만나왔습니다. 그들의 이야기와 사례를 바탕으로 한 경험과 꾸준한 연구를 통해 우리 아이들이 겪고 있는 힘든 마음을 어떻게 보듬어 주고자 했습니다. 그들이 보다 건강하게 성장할 수 있도록 도울 수 있는 실질적인 방법과 도움을 이 책에 담으려고 노력했습니다. 그리고 그 내용을 직접 아이들에게 들려주는 방식으로 이 책을 구성하였습니다. 저의 궁극적인 목표는 아이들이 뇌 발달 과정에서 겪는 급격한 변화를 자연스럽게 이해하고, 그들이 느끼는 혼란과 걱정을 공감하며 단지 위로에 그치지 않고 해결할 수 있도록 돕는 것입니다.

이 시기의 아이들과 소통하기 위해 가장 중요한 것은 내적으로나 외적으로 급격한 변화를 맞이하면서 스스로 힘들게 적응 중인 아이들의 노력을 존중해 주는 일입니다. 아이들이 친구들과 어떤 이야기를 나누고 무엇을 즐기는지에 대해 열린 마음으로 듣고자 하면, 아이는 마음을 열고 자신의 생각을 더 많이 표현할 거예요. 아이의 이야기를 들을 때 판단하거나 충고하려 하지 말고 충분히 공감하는 게 중요합니다. 아이들은 자신이 존중받고 있다는 느낌을 받을 때, 비로소 부모님과의 소통이 자연스럽게 이루어집니다.

그러한 이유에서 이 책은 부모님이 혼자 읽기보다는 아이와 함께, 온 가족이 읽으시는 것을 권해 드립니다. 부모님이 먼저 책을 읽고, 그 내용을 바탕으로 아이와 함께 대화를 시작해 보는 것도 좋은 방법입니다. 억지로 읽게 하기보다는 아이가 먼저 관심을 보일 수 있도록 지도해 주세요. 아이는 자신이 겪고 있는 변화를 설명하기 어려워할 수도 있지만, 부모님이 먼저 이야기를 꺼내 주신다면, 점차 마음을 열고 생각을 나누기 시작할 것입니다. 부모님과 자녀가 함께 이 책을 읽고 대화하는 과정은 그 자체로 서로를 이해하고 소통하는 소중한 시간이 될 것입니다.

이 책에는 부모님과 아이가 함께 활용할 수 있는 자가 진단법도 포함되어 있습니다. 이를 통해 아이는 스스로 자신의 감정을 돌아보고, 마음의 근력을 키워 더 창의적이고 주체적인 사람으로 성장할 수 있습니다. 부모님은 아이의 마음을 공감하고, 동시에 아이가 스스로 성장할 수 있도록 도와주는 방법을 배우게 될 것입니다.

부모님이 먼저 아이의 변화를 이해하고, 그들의 이야기를 들어주기 시작하면, 아이도 부모님과의 관계에서 더 큰 안정감을 느끼고 더 많이 대화하고 싶어 할 것입니다.

사실 부모님과 자녀의 관계는 이렇게 작은 변화에서부터 시작됩니다. 부모님이 먼저 아이의 이야기를 공감하고, 그들의 고민을 진지하게 들어주기 시작할 때, 아이들은 부모님을 더 신뢰하고 의지하게 됩니다. 부모님께서 자녀에게 든든한 뿌리가 되어줄 수 있다는 점을 꼭 기억하세요. 부모가 자녀의 든든한 뿌리가 되어 줄 때, 아이들 역시 마음속의 불안을 다정하게 받아들이고 그 불안과 친 해질 수 있을 것입니다.

매일 불안하고 자책하며
잠 못 드는 친구들에게

안녕하세요? 저는 소아청소년정신과 의사 김붕년입니다. 소아청소년정신과는 10대 청소년들과 마음을 나누며, 마음의 문제가 있을 때 함께 고민하고, 문제를 해결하는 일을 하는 곳이에요. 지금까지 30년이 넘는 시간 동안 청소년 친구들을 만나면서, 다양한 고민을 하는 친구들과 이야기를 나누고 있습니다. 특히 여러분처럼 열심히 공부하고, 목표를 향해 나아가려 애쓰는 10대 친구들을 많이 만났습니다. 그런데 많은 아이들이 제게 비슷한 이야기를 하곤 했어요. "저는 정말 잘하고 싶어요. 그런데 이상하게

도 잘하려고 하면 할수록 마음 한편이 불안해지고 걱정이 생겨요." 혹시 여러분도 이런 마음을 느껴본 적이 있나요? 그렇다면 지금부터 들려줄 이야기에 주목해 주세요.

　요즘 우리는 '잘해야 한다'는 말을 참 많이 듣곤 하죠. 학교와 학원 등에서 열심히 노력하고 있는데, 부모님들은 우리에게 늘 더 좋은 성적을 기대하는 것처럼 보여요. 친구들 사이에서도 인정받고 싶고, 스스로 자신이 세운 기준에 맞춰 잘해야 할 것 같은 부담감을 느낄 때도 있어요. 여러분을 둘러싼 조건 속에서 모두가 정말 열심히 살아가고 있어요. 그런데 그 과정에서 불안감이 점점 커지고 걱정을 떨쳐 버리지 못하는 경우가 있을 거예요.
　어떤 날은 마음이 바쁘고, 아무리 열심히 해도 내가 부족하다는 생각에 사로잡히기도 합니다. 잘하고 싶어서 더 열심히 공부하고 계획을 세워도, '내가 정말 잘하고 있는 걸까?'라는 의문이 자꾸 떠오를 때가 있어요.
　그런데 여러분, 여러분이 느끼는 이 걱정과 불안은 열심히 살아가고 있다는 신호예요. 잘하고 싶은 마음이 클수록 그만큼 부담을 떠안게 되고, 그로 인해 불안을 느끼는 것은 자연스러운 일입니다. '불안'은 목표를 향해 나아가는 사람이라면 누구나 느끼는 감정이니까요. 여러분이 자신에게 기대가 크고, 더 잘 해내고 싶기 때문에 불안해지는 거랍니다. 목표를 이루는 데 진심이기 때문에 그런 감정이 당연히 생기는 것이죠.

그렇다면 이 불안이 잘못된 걸까요? 절대 그렇지 않습니다. 불안을 느끼는 건 지극히 자연스러운 일이에요. 오히려 그 불안감 속에서 내가 무엇을 중요하게 생각하는지를 발견할 수 있어요. 여러분이 지금 혼란스럽고 불안한 건, 앞으로 나아가고 싶은 마음이 크다는 증거이고, 그런 마음이 있다는 건 정말 멋진 일이에요. 하지만 계속해서 그 불안이 여러분을 짓누르고, 지치게 만든다면 조금 멈춰 서서 스스로 돌아볼 필요가 있어요.

"불안을 이겨내는 기적은 네 안에 있어."
불안을 느끼는 여러분에게 꼭 해주고 싶은 말이에요.

우리는 종종 외부에서 해결책을 찾으려고 하지만, 중요한 건 내 안에서 잠자고 있는 '해결 능력'을 발견하는 거예요. 이 책에는 호흡법과 이완법을 통해 긴장감을 다스리는 '부교감 신경 활성화 방법'을 소개하고 있습니다. 이 같은 방법은 스스로 조절할 수 있는 능력을 키울 수 있도록 도움을 줄 거예요. 여러분의 몸과 마음속에 이미 존재하는 방법을 발견해 연습하는 것만으로도 문제를 해결할 수 있습니다. 불안을 이겨내는 방법도, 불안한 상황 속에서 더 나아가는 힘도 여러분 안에 있으니까요.

스스로 불안을 느낀다는 것은 곧 내가 성장하고 있다는 증거이기도 합니다. 여러분은 현재 어른으로 나아가는 과정에서 성장통을 겪고 있어요. 우여곡절이 많은 변화의 시기에 혼란스럽지 않다면 오히려 이상한 일이죠.

그러니 지금 느끼고 있는 감정을 있는 그대로 받아들이세요. 그리고 그 감정이 안내해 주는 '자신만의 길'을 가도록 노력해 보세요. '더 올곧게 성장할 수 있다'는 믿음을 갖길 바랍니다. 불안한 감정이 들거나 긴장할 때, "지금 내가 느끼는 이 불안은 내가 더 나아지고 싶어서야. 나는 지금 한 발짝씩 앞으로 나아가고 있고, 충분히 잘하고 있어"라고 스스로에게 말해 주세요. 그런 다음 호흡법과 이완 연습을 함께하면서 현재 나의 몸과 마음을 온전히 느껴 보세요. 어느새 마음이 차분해지고 집중이 다시 되기 시작할 거예요.

저는 여러분이 부정적인 감정(불안/분노 등)과 부정적인 생각('난 바보 같아' 같은 자기 비하)을 조절하는 연습을 통해 더 단단해지고, 더 멋진 자신으로 성장해 나가는 과정을 응원하기 위해서 이 책을 썼습니다. 부정적인 마음을 이겨내는 기적은 결국 여러분 안에 있어요. 목표를 향해 가는 과정에서 실수하거나, 잠시 멈춰 서게 되더라도 괜찮아요. 중요한 것은 다시 일어나서 한 걸음 한 걸음 나아가는 거랍니다.

하지만 때로는 혼자서 문제나 어려움을 해결할 수 없을 때도 있어요. 여러분은 혼자가 아니에요. 응원하고 도와주려는 사람들이 곁에 있다는 것을 잊지 마세요. 부모님, 선생님, 친구들, 그리고 상담사 선생님, 정신과의사 등 도움을 줄 수 있는 사람들로 둘러싸여 있습니다.

부정적인 마음을 느끼거나 힘들 때, 그 마음을 누군가와 나누는 것만으로도 훨씬 가벼워질 수 있습니다. 혼자서 모든 걸 해결하려고 애쓰지 않아도 괜찮아요. 주위 사람들과 이야기를 나누고, 필요한 도움을 받고, 그들의 응원과 지지를 받는 것도 여러분이 성장해 나가는 데 중요한 힘이 됩니다.

이제부터는 미래에 올 걱정과 불안 같은 부정적인 감정과 생각에 지배받는 것이 아니라 현재 자신이 서 있는 곳, 지금 여기에 집중해 봅시다. 감정을 있는 그대로 받아들이고 조절하고 더 가볍게 만들어, 더 나은 '나'를 만들어가기를 바랍니다. 부정적인 것을 조절하는 방법을 배우면서 자신을 돌볼 수 있게 된다면, 자신에 대한 신뢰도 점차 강해지고 더욱 자신감도 생길 거예요. 여러분은 이미 충분히 잘하고 있고, 앞으로도 그렇게 할 수 있습니다.

2부 **마음 성장** **더 잘해야 한다는 생각에 늘 불안하고 걱정 많은 너에게**

3부 내면 훈련 **마음속 불안을 다정하게 받아들이며 좋은 인생으로 성장하도록 이끄는 기적**

1부

뇌 성장

아이가
어른이 되어가는

힘든 시간을
견디고 있는 너에게

"청소년기는 한 사람이 살아가는 과정에서 뇌의 발달이 가장 다이내믹하게

일어나면서 한편으로는 뇌가 가장 취약해지는 시기입니다."

오늘부터 ADHD를 검색하기 시작했다

오늘도 잠자리에 들어서야 후회가 밀려옵니다. '운동도 하고, 영어 단어도 20개 정도 외우고, 수학 문제집도 5장은 거뜬하게 풀고, 친구들이랑 새로 생긴 문구점에 가기로 했는데······.' 지영이는 이 중에서 제대로 한 것이 하나밖에 없다며 자책합니다. 친구들이랑 문구점에 가서 스티커를 사기도 했는데 하루를 계획한 대로 보내지 못했다고 말이죠. 자신이 해야 할 것에 집중하지 못하는 것 같다며 걱정하기 시작합니다. 그러다 혹시나 하는 마음으로 검색창에 'ADHD'를 써봅니다.

가만 보니 우리 아이들 이야기인가 싶다고요? 오늘 밤도 아이들이 계획한 대로 하루를 보내지 못했다며 아쉬워하나요?

이번에는 중학교 1학년이 된 윤재의 이야기를 들어볼게요. 윤재는 유독 한 자리에 오래 앉아 있는 것을 힘들어합니다. 좀처럼 한 가지 일에 집중하지 못하고 자신도 모르게 이것저것 눈에 보이는 것마다 관심을 보이곤 해요. 학교에서 준비물을 가져오라고 하면 까먹고, 약속에 늦거나 학원에 가기로 한 시간을 못 맞춰서 자꾸 지각을 합니다. 그래서 윤재는 어른들에게 "산만하다"는 말을 제일 많이 들어요. 윤재 스스로도 집중하지 못한다는 생각에 종종 우울해 합니다.

어느 날 윤재는 'ADHD'라는 단어를 듣게 되었습니다. 처음에는 요즘 유행하는 MBTI(성격유형검사)의 한 종류인가 싶었대요. 그런데 웬걸 검색 창에 ADHD를 입력해 보니, 윤재가 생각한 뜻이 전혀 아니다고 해요.

이렇게 지영이와 윤재의 사례처럼 요즘 많은 아이들이 ADHD를 검색하기 시작했습니다. 저와 함께 연구팀에서 청소년의 고민을 이해하기 위한 연구를 진행했는데, 놀랍고도 안타까운 연구 결과가 나왔어요. 10대 아이들이 온라인에 올린 각종 게시글 등 4,000만 건을 코로나19 발생 전과 후로 나눠 비교 분석했더니, 그 결과 코로나19 직전인 2019년과 비교해 ADHD의 검색량이 3배 이상 늘어난 거예요. 이 결과에 따르면, 많은 청소년이 자신이 ADHD가 아닐지 걱정하고 심지어 치료받고 싶다는 생각까지 했다고 해요. 무엇이 10대를 그토록 힘들게 했을까요?

먼저 ADHD Attention Deficit Hyperactivity Disorder는 '주의력결핍과잉행동장애'를 의미하는 약어예요. 계속해서 주의력이 부족하여 산만하고 비정상적일 정도로 많은 활동을 보이거나 충동성을 띠는 상태를 말합니다. 대뇌에 있는 '전전두엽'이라는 부분이 더디게 발달해 나타나는 것으로, 본인의 의지로는 조절이 어렵습니다.

ADHD 증상은 과잉 행동, 충동성, 주의력 결핍과 같이 크게 세 가지로 구분합니다. 먼저 과잉 행동은 책을 한 장 읽고 물 마시러 가고, 또 한 장 읽고 화장실에 다녀오는 등 계속 앉아 있어야 할 때에도 집중하지 못하고 자리를 뜨는 경우를 말해요. 오래 앉아 있을 때에는 손을 만지작 거리거나 타인을 방해하는 증상을 보이기도 합니다.

두 번째, 충동성을 보이는 증상은 갑작스럽게 욕을 한다거나 상황과 관계없이 다른 사람의 말에 끼어드는 경우, 음주나 흡연 등의 일탈 행위, 엉뚱한 말을 하며 생각하는 것을 귀찮아하는 경우 등이 있어요.

마지막으로 주의력 결핍 증상은 해야 할 일에 집중하지 못하고 계속해서 미루거나 과제를 끝까지 하지 못하는 경우를 예로 들 수 있어요. 주의력 결핍으로 인해 목적한 바를 달성하지 못해 동기나 의욕이 떨어지기도 합니다.

앞선 연구 결과에서 중요한 것은 ADHD에 대한 관심, 걱정, 검색량, 치료에 대한 욕구가 정신과 방문 횟수와 연결된다는 거예요. 다시 말해 10대 아이들 스스로 ADHD를 의심하고 병원에 가야겠다고 생각하기 시작했다는 걸 의미합니다.

이러한 현상이 발생한 배경을 이해하려면 '갓생'이라는

키워드를 알아야 합니다. 갓생은 신을 뜻하는 영어 'God'과 인생을 뜻하는 한자 '생生'이 합쳐진 신조어예요. 말 그대로 신처럼 완벽하게 살아가는 삶을 뜻합니다. 이 '갓생'을 롤모델로 삼아 모범적인 삶을 살기 위해 애쓰는 아이들이 늘어나고 있어요. 그러나 주변 환경에 의해 종종 이러한 욕구를 방해받기도 하죠.

코로나19로 인해 학교에 가지 못하고, 온라인 수업에 의존해야 했던 적이 있었어요. 온라인 수업은 집중하기 어렵고, 이해가 잘 되지 않으며, 아이들을 쉽게 지치게 만들었습니다. 오래도록 모니터를 쳐다보기도 힘들고, 자꾸 멍해지게 되니까 무슨 소리를 하는지 모르겠다는 10대들도 늘어났어요.

갓생을 살아야 하는데 그렇지 못한 자신을 보면서 스스로를 보잘것없다고 생각하고, 자신을 미워하기 시작하는 청소년들이 많아진 것이죠. 이 상황에서 자신에게 문제가 있다고 느껴 ADHD를 검색하며 해결책을 찾으려고 했어요. 그 와중에 "내가 ADHD 아닐까?" 의심하고, 약물치료 방법을 찾는 청소년들도 늘어났답니다.

아침에 등교를 거부하고 수면 시간이 점점 늦어지는 증상을 보이는 아이들도 덩달아 많아졌고요. '제시간에 자야지'라고 마음먹지만, 실제로 원하는 시간에 잠들기 어려워 고통스러워하는 것이죠.

✦ 하지만 완벽하지 않아도 괜찮아요.
매일 새로운 태양이 뜨는 것처럼
내일 아침 새롭게 다시 시작하는 거예요.

밖으로 나가 뛰어 놀고 싶은데 얌전히 집에 앉아만 있어야 한다면 어떨까요? 여러분에게 자기 통제력 이상의 제약이 요구된다면 말입니다. 내가 감당할 수 있는 수준보다 많은 제약이 요구된다면 가장 먼저 분노와 짜증이 생길 수밖에 없어요. 그러니 이러한 부정적인 감정을 단순히 자기 통제 능력의 문제라고만 볼 수는 없습니다.

온라인 수업도 마찬가지예요. 일반적으로 자기 통제력을 앉아 있는 시간으로 이야기하는데, 7세 미취학 아이들은 30분, 초등 1학년은 40분 정도 자기 통제를 할 수 있다고 봅니다. 이후 나이에 따라 집중할 수 있는 시간이 조금씩 늘어나요. 그런데 온라인 수업을 진행할 때, 10대 아이들은 하루 중 무려 5~6시간을 앉아 있어야 했어요. 능력 이상의 자기 통제를 강요받게 된 것이죠. 통제는 강해지고 반면 경험과 자극은 모두 빼앗겼어요. 활동 공간은 사라졌고, 만날 수 있는 아이들은 줄었어요. 남은 건 온라인밖에 없었죠. 게임과 SNS가 10대 아이들에게 전부였던 셈입니다.

앞서 "청소년의 ADHD 검색이 늘었다"는 곧 "ADHD 환자가 늘었다"라는 의미가 아니에요. 소아청소년 ADHD 환자의 수 자체는 큰 변동이 없습니다. 그런데 건강한 아이들조차도 ADHD 증상을 보일 만큼 코로나19 사태가 정신적 고통을 주었어요. 더 안타까운 건 10대 아이들은 이미 뇌 안에서 이중 고통을 겪고 있는 중이었는데 말입니다.

청소년기 감정이
흔들릴 수밖에 없는 이유

내 아이가 정말 ADHD인지, 아니면 일상의 스트레스나 부담감 때문에 아주 잠시 ADHD 증상을 보이는 건지 스스로 판단하는 것은 여러분은 헛갈릴 수 있어요. 하지만 궁금한 마음은 잠시 미뤄두고 먼저 머릿속에서 어떤 변화가 일어나는지 이해해 봅시다.

하루에 기분이 몇 번씩이나 오르락내리락하나요? 기분이 매일 롤러코스터를 타는 것 같이 느껴지나요? 무엇 때문에 즐겁고, 또 무엇 때문에 갑자기 짜증을 내나요? 정확한 이유를 알 수 없으니 답답하기만 한가요?

청소년기는 누구에게나 일생에 단 한 번 찾아옵니다. 처음 겪는 만큼 낯설고 쉽지 않을 거예요. 청소년기는 한 사람이 살아가는 과정에서 뇌의 발달이 가장 다이내믹하게 일어나면서 한편으로는 뇌가 가장 취약해지는 시기이기 때문이죠. 갑작스레 나도 알 수 없는 짜증이 확 휘몰아치기도 하고, 이유를 알 수 없는 반항심이 솟구치기도 합니다. 반대로 한없이 기분이 우울해지고 깜깜한 곳에 혼자 있고 싶어지기도 해요. 어떠한 이유 때문에 알 수 없는 기분에 휩싸이게 된 것일까요? 도대체 아이들의 머릿속을 어지럽게 뒤흔들고 있는 것은 무엇일까요?

먼저 제 이야기를 잠시 꺼내 볼게요. 저는 1992년에 의과대학을 졸업하고, 정신과 전공의가 되었습니다. 제가 처음으로 만난 청소년 환자는 조울병을 겪고 있는 10대 후반의 고등학생 친구였어요. 조울병은 기분이 들뜨는 조증이 나타나기도 하고, 기분이 가라앉는 우울증이 나타나기도 한다는 의미에서 '양극성 장애'라고도 합니다. 정신이 상쾌하고 흥분된 상태와 우울하고 억제된 상태가 번갈

아 나타나거나 둘 가운데 한쪽이 주기적으로 나타나는 기분 장애를 말해요.

그 당시 저는 성인 조울병 환자를 여러 번 진료한 경험이 있었던 터라 자신감이 꽤 넘치던 상태였지만, 그 친구를 만나는 일은 도무지 쉽지 않았습니다. 일주일에 두세 번 들뜸(조증)과 가라앉음(우울증)을 반복하는 중으로 그 변화의 폭과 속도가 예측하기 힘들 정도로 대단했기 때문이었죠. 이 경험 덕분에 저는 청소년기의 정신 건강에 대해 더욱 관심을 가지고 연구하게 되었어요.

건강한 청소년이든 정신질환이 있는 청소년이든 청소년기는 예측할 수 없을 정도로 변화와 곡절이 많은 때입니다. 어떤 계기나 기회가 있으면 단번에 한 사람의 인생이 송두리째 확 바뀔 수 있는 아주 중요한 시기이기도 하죠. 과거에는 다이내믹한 청소년의 모습을 '심리적 변화', '자아정체성의 확립' 등의 용어로 설명했습니다.

그러나 한 꺼풀을 더 벗기고 그 속살을 살펴보니까 그 안쪽에는 '뇌의 변화'가 있다는 것을 알게 되었어요. 역사가 길지는 않지만 청소년기의 뇌 변화에 대한 의미 있는 연구 결과들이 현재 차곡차곡 쌓여가고 있습니다.

✦ 급변하는 청소년기에 뇌에서
    일어나는 변화를 알게 되고,
    그 변화에 대처하는
    나만의 방법을 터득하게 되면
    앞으로 불안하고 힘들지 않을 거예요.

  어린 시절, 그러니까 초등학교 입학 전까지 뇌는 폭발적으로 발달합니다. 그리고 두 번째로 10대에 들어서면서 뇌는 또다시 급격한 지각변동을 일으키기 시작합니다. 어린 시절의 뇌 발달이 운동이나 언어 기능의 발달에 집중되었다면, 10대의 뇌 발달은 우리가 '인간답다'라고 말하는 사회적이고 지적인 기능을 발달시킵니다. 이처럼 청소년기가 혼란스러운 까닭은 인간으로서, 성인으로서 성장하는 데 가장 중요한 부위인 뇌가 급변하며 발달하는 시기이기 때문이에요.
  사회화가 되는 과정에서, 또 감정을 조절하는 과정에서

뇌의 특정 부분이 크게 건드려지면서 일정 시기 동안 힘들어하고 혼란스러워하는 모습이 청소년기에 불쑥 튀어나오게 되는 것입니다. 뇌 발달의 폭이 워낙 크다 보니, 처음 겪는 내면의 혼란스러운 감정과 기분을 부정적인 감정이나 행동으로 무심코 표출하게 됩니다. 본심은 '이게 아닌데……' 하면서도, 결국에는 특정한 이유 없이 '그럴 수밖에 없었어' 하고 표현하게 되어버리는 것이죠. 혼란스러운 감정은 내 의지라기보다는 나 자신도 어쩔 수 없이 보이는 자연스러운 반응임을 받아들이세요. 그렇게 이해한다면 들쭉날쭉한 감정 앞에서 결코 당황하지 않을 거예요.

'중2병', 지금 머릿속은 리모델링 중입니다

"그 시절엔 흔히 '중2병'이라고 부르는 친구들이 많았어요. 남들보다 세 보이고, 너나할 것 없이 아는 척도 하고요. 약간의 허세가 있는 친구들도 꽤 있었는데, 지금 생각하면 너무 부끄러워요."

얼마 전에 막 대학생이 된 친구가 제게 한 말이에요. 흔히 말하는 중2병 시기를 벗어났다고, 그때는 특별한 이유없이 자신감에 차기도 했다며 고백 아닌 고백을 털어놓았어요. 자신의 모습을 되돌아볼 수 있다니 이 친구가 대견하게 느껴지더군요.

그런데 가만 생각해 보니 '중2병'이라는 용어가 어딘지 좀 이상해 보였습니다. 누구나 경험하는 사춘기 시절의 자연스러운 성향인데, 우리 사회는 10대 초반 친구들이 또래집단에서 보이는 특징을 뭉뚱그려 '중2병'이라고 부른다는 사실을 말이죠. 다소 부정적인 시선이 담겨 있는 듯한 '중2병'이라는 용어가 오염되어 보였어요. 저는 그런 의미에서 '중2병'보다는 '리모델링'이라는 용어를 사용하고 싶어요.

어린아이에서 청소년을 거쳐 어른이 되는 동안 뇌도 업그레이드 과정을 겪습니다. 더 많은 것을 이해할 수 있게 되고, 문제해결 능력도 향상되죠. 이러한 뇌의 성장에 맞추어 머릿속은 일종의 리모델링 과정을 겪게 됩니다.

이때 10대 아이들이 느끼는 변화는 전두엽이라는 뇌의 기관이 겪고 있는 일시적인 성장통이라고 볼 수 있어요. 전두엽은 외부에서 들어온 자극을 인식하고 어떻게 반응할지 조절하는 기관입니다. 전두엽이 성장통을 겪는 과정에서 조절 능력이 급격히 변화하고 있는 것이에요.

우리 몸에서 조절 능력을 담당하는 전두엽이 흔들리는 시기가 바로 청소년기입니다. 당연히 10대 아이들이 마음대로 자신의 조절 능력을 다루는 일은 힘들 수밖에 없어요. 그러니 주위에 10대를 '중2병'이라고 말하는 사람들이 있다면, 이 시기는 자연스러운 발달 과정으로 이해하고 받아들여야 한다고 이야기하세요.

✦ 우리는 새로운 경험을 통해 성장합니다.
  그 경험은 때때로 불편하고 어려워요.
  그러나 도전과 변화를 두려워하지 않고
  마주할 수 있다면 그 사실만으로도
  앞으로 나아가는 데 큰 힘이 될 거예요.

전두엽은 기본적으로 20년 동안이나 가지치기를 합니다. 10대 초반에서 시작해서 30대 초반에 이르기까지 장장 기나긴 리모델링을 진행하는 것이죠. 엄청나게 긴 세월처럼 보이지만, 가지치기의 양을 따져 보면 10대 초반에 무려 50% 이상이 일어납니다. 그러니까 전두엽의 가지치기가 10대 초반에 매우 빠른 속도로 진행되기 때문에 감정 변화가 급격하게 이루어집니다. 이 과정에서 10대의 뇌가 다양한 시행착오를 겪으며 어른이 되기 위한 준비를 시작합니다. 바뀐 환경에서 잘 살기 위해 뇌가 열심히 일하는 것이라고 볼 수 있어요.

고등학생만 되어도 가지치기가 완전히 끝난 것은 아니지만 그 양과 속도가 줄어들면서 대부분의 아이들이 지금보다 훨씬 차분해지고 철이 든 것처럼 느끼게 될 거예요. 이렇듯 10대 초기에 뇌의 엄청난 변화를 거치고 나면, 10대 후기의 전두엽은 그 이전과는 완전히 다른, 수준 높은 기능을 갖추게 됩니다. 그러면 바람직하지 않다고 생각하는 것들을 스스로 통제할 수 있게 됩니다. 계획과 문제해결 능력이 올라가고 하나의 일에 집중하고 몰입하는 어른과 비슷한 조절 능력을 갖출 수 있답니다.

이 모든 과정들이 인간을 인간답게 만드는 능력입니다. 이 능력을 만들어내기 위해 일시적으로 불안하고 뒷걸음치는 듯 흔들려 보이는 시기가 바로 10대 초·중기예요. 행여나 우리 아이가 '중2병에 걸린 걸까?' '왜 그렇게 행동

내 이름은 전두엽. 나는 외부에서 들어온 자극을 인식하고 어떻게 반응할지 조절해. 모든 감각은 언제나 나에게 모여. 언어 기능, 감정, 논리적 사고, 기억력을 담당하고 있어.

하는 걸까?' 하고 고민하고 있다면 안심해도 좋습니다.

두뇌도 성장통을
겪는다고요?

"뇌의 업그레이드를 위해 청소년기 동안 전두엽이라는 기관이 '리모델링' 하고 있다고 하셨는데, 그 말은 전두엽의 기능이 좋아지고 있다는 의미가 아닌가요? 그런데 왜 중학생이 되면서 모든 일에 시큰둥해지고 별일 아닌 것에 화를 내게 된 거죠?"

한 친구가 제게 물었어요. 여러분의 아이도 이 친구처럼 때때로 무기력해지고 괜한 반항심을 보이나요? 짜증나는 횟수는 점점 많아지는데 무엇 때문에 짜증이 났는지 정확한 이유를 알 수 없어 답답한가요?

어느 날부터 집에 오면 방문을 쾅 닫아버리고, 부모님께 말도 잘 안 하나요? 몇 년 전만 해도 학교에 다녀오면 부모님 곁을 따라다니며, 오늘 어떤 일이 있었는지 옆에서 쫑알쫑알 신나서 떠들었는데 말이에요. 이제는 물어본 것만 간신히 대답하는 것 같나요? 아니면 그마저도 귀찮아 보이나요?

10대의 감정 상태는 다이내믹합니다. '낙엽이 굴러가는 것만 봐도 깔깔댈 만큼' 잘 웃고 활발하다가도, 아주 사소한 일로 '급' 우울해하고 '급' 좌절하죠. 이렇듯 롤러코스터 같은 감정 상태로 인해 자해·자살 충동성이 증가하고, 분노 조절 문제나 학교 폭력 등의 문제 현상이 발생하게 됩니다. 생각만 해도 참 힘든 시기예요. 실제로 중·고등학생 중 대부분이 스트레스를 '많이' 느끼고, 3분의 1가량은 우울감도 느낀다고 합니다.

뇌의 가지치기는 태어나서 받는 자극에 따라 어떤 기능을 담당하는 신경네트워크를 더 발전시킬지를 결정해요. 어떤 환경에서든 잘 자랄 수 있도록 무한한 가능성을 가지고 태어나서, 자극이 주어지는 부분에 에너지를 쏟도록 정리해 나가는 것이죠. 그래야 생존에 있어 중요한 부분에 집중하고 능력을 발달시킬 수 있어요.

　우리 뇌는 만 3세까지 전두엽을 제외한 대뇌의 두정엽, 측두엽, 후두엽에서 가지치기가 이루어지는데, 이 세 부분은 주로 생존에 필요한 인간의 기본 조절 능력을 담당합니다. 대뇌의 1차 가지치기라고 할 수 있어요.

　2차 가지치기가 이루어지는 10대 초·중기의 전두엽은 상대적으로 취약합니다. 전두엽의 가지치기가 끝나야 부분적 요소나 내용이 서로 연결되어 하나의 효율적인 네트워크가 되어야 문제없이 기능할 수 있게 됩니다. 하지만 가지치기가 이루어지는 동안에는 전두엽의 기능이 특히 일시적으로 떨어지고 맙니다. 오히려 기능이 이전보다 더 못하기도 해요.

　1차 가지치기가 운동이나 언어 기능의 발달에 집중되었다면, 2차 가지치기는 사회성·고위 인지·충동 조절 등과 관련된 기능의 발달에 집중된다고 볼 수 있습니다. 뇌의 발달로만 본다면, 우리가 '인간답다'라고 말하는 기능 대부분이 집중적으로 발달하는 매우 중요하고 꼭 필요한 시기랍니다.

✦ 완성된 방망이로는 홈런을 날릴 수 있어요.
　하지만 모양을 갖춰 나가는 동안에는
　제 기능을 하지 못합니다.
　여러분은 지금 멋진 방망이를 만드는 중이에요.

　전두엽, 즉 앞쪽에 위치한 뇌는 어떤 기능을 담당할까요? 앞서 이야기한 것처럼 크게 보면 '인간을 인간답게 만드는 기능'을 담당해요. 세부적으로는 다섯 가지로 구분해 볼 수 있어요.

　첫째, 전두엽은 상황에 대한 이해력을 담당해요. 눈치가 빠른 아이들을 떠올리면 이해가 빠를 거예요. 상황에 대한 이해력은 자신이 처한 상태, 사회적 상황, 분위기를 파악하는 능력입니다. 주어진 환경적 조건을 객관적으로 볼 줄 알아야 적절히 대처할 수 있기 때문에 상황에 대한 이해력은 중요한 역할을 합니다.

둘째, 전두엽은 감정을 조절해요. 분노, 시기심, 충동 등과 같은 부정적인 감정을 조절할 수 있는 능력을 담당합니다. 첫 번째 기능인 상황에 대한 이해력이 발달할수록 부정적인 정서를 조절하는 힘이 생겨요.

셋째, 전두엽은 계획 및 문제해결 능력을 담당합니다. 여기서 계획은 미래지향적인 계획, 즉 '내가 올해에는 이것을 성취해야지'라는 식의 멀리 내다보는 능력을 말해요. 계획은 뜻대로 되지 않는 경우가 많죠. 상황을 이성적으로 또 객관적으로 파악하여 여러 변수를 예측하고, 변수에 맞게 적절히 수정해 나가는 등의 고차원적인 사고를 하는 것이 모두 전두엽의 기능입니다.

넷째, 전두엽은 충동 조절과 주의 집중력 조절을 담당해요. 욕구 충동을 조절할 수 있는 능력, 충분한 시간 동안 집중할 수 있는 능력을 키우려면 전두엽의 발달이 중요합니다. 어릴 때만 해도 30분조차 집중하지 못했다가 점차 학교 수업에 꽤 오래 집중할 수 있게 되는 것처럼, 독서력이나 사고력이 급격하게 발달하는 이유가 바로 여기에 있어요. 집중해서 사고할 수 있게 되면 몰입하는 능력과 창의력도 함께 발달합니다.

다섯째, 전두엽은 결과를 예측할 수 있는 능력을 담당해요. 우리는 어떠한 선택이나 행동을 계획하고 결정할 때, 나의 선택과 행동이 불러올 결과를 예측하고 준비합니다. 이 능력은 계획 및 문제해결 능력과 연관된다고 볼 수 있어요. 이렇게 다섯 가지 기능이 모두 전두엽의 주요 역할로 서로 끈끈하게 연결되어 있어요.

그러면 반대로 10대 초·중반에 전두엽의 가지치기로 인해 이 기능들이 상대적으로 취약해지면 어떤 일이 일어날 수 있을까요?

첫째, 상황에 대한 이해력이 떨어집니다.

둘째, 분노나 공격성 등이 높아져요. 다소 불편한 상황을 마주하면 부정적 감정이 드는데, 이해력이 떨어지다 보니 감정을 소화하지 못하고 그대로 표현하게 됩니다.

셋째, 계획을 세우거나 문제를 해결할 능력이 떨어져요. 상황을 멀리 보지 못하게 되죠. 자기 행동을 객관적으로 바라보고, 문제를 수정하는 과정이 힘겨워집니다.

넷째, 충동을 조절하지 못하고 집중력이 떨어져요. 감정을 해소할 겨를도 없이 부정적인 감정이 들면 그대로 표현합니다. 오래 집중하는 능력도 떨어지고요. 감정이나 학업에 대한 인내심이 전반적으로 떨어집니다.

다섯째, 자신의 행동이 불러올 결과를 예측하지 못합니다. 멀리 내다보고 문제를 해결할 수 있는 사고 능력이 떨어지는 데다 감정 조절력도 줄어들어서, 자신이 충동적이고 감정적으로 행동했을 때 벌어질 일을 예측하는 능력이 떨어져요. 미래가 아닌 당장 직면한 문제만 크게 들여다보면서 부정적으로 사고하기도 합니다.

이렇게 우리 뇌는 10대 시기에 혹독한 '성장통'을 겪고 있어요. 청소년기에 '나는 왜 이럴까?' 하고 고민하는 일은 자연스러운 결과랍니다. 처음 마주하는 생각과 감정에 무작정 휘둘리지 않고, 내면을 차분히 바라볼 수 있도록 노력해 봅시다.

좋아하는 것을 더 깊게, 지적 호기심의 발견

'청소년기가 인생에서 매우 중요한 시기'라는 사실은 아무리 이야기해도 부족함이 없습니다. 이 시기 동안 자기 해석의 전환을 통해 긍정적인 자아상을 만드는 것은 앞으로의 삶에 큰 영향을 줄 거예요. 그러니 밤마다 '갓생'과 'ADHD' 사이에서 불안해할 필요는 전혀 없습니다. 심각하게 현실을 마주하기보다는 자연스럽게 자신이 마주하는 일상을 받아들이고 사랑하길 바랍니다.

무엇보다 정말 ADHD가 의심될 때는 먼저 이야기를 나눠 보세요. 공감해 주시고, 원하는 방향으로 나아갈 수 있도록 도와주시길 바랍니다.

앞서 이야기한 것처럼 우리 뇌는 10대에 접어들면 발달로 인해 큰 변화가 일어나요. 분명 조절 기능에 일시적인 어려움이 생길 수 있습니다. 또 예민한 시기가 되면 본래 가지고 있던 신경발달 문제와 더불어 여러 가지 문제 행동이 더해져 그만큼 문제의 유형이 복잡해집니다. 힘든 시기를 겪게 될 수 있어요. 하지만 적극적으로 치료 받고 안정적으로 꾸준히 관리 받으면 스스로 조절할 수 있는 능력이 점차 좋아집니다.

그렇다면 자신의 문제는 어떻게 인식하고 해석해야 할까요? 먼저 자신의 문제를 정확히 아는 것이 중요해요. 자신의 감정과 행동을 객관적으로 바라보고, 왜 그런지 이해하려고 노력해야 합니다. 자기 해석의 전환을 할 수 있도록 시도해 봅시다.

둘째, 부정적인 자기 평가에서 벗어나야 합니다. 여러분은 스스로를 부정적으로 평가하는 경향이 있어요. 이는 잘못된 자기 해석에서 비롯된 것입니다. 자신을 객관적으로 바라보며, 긍정적인 면을 찾아내는 연습이 필요해요.

셋째, 자신을 존중하는 법을 배워야 해요. 자신의 노력을 인정하고, 작은 성취에도 스스로를 칭찬하는 것이 중요합니다.

넷째, 스스로에게 긍정적인 말을 많이 하세요. "나는 잘할 수 있어", "이번에는 실패했지만 다음에는 더 잘할 거야" 같은 말들이 큰 도움이 됩니다. 자신을 긍정적으로 바라보고, 노력의 가치를 인정할 수 있게끔 칭찬해 주세요.

다섯째, 실패를 두려워하지 않고, 그것을 통해 배울 점을 찾아내는 긍정적인 해석이 필요해요. 실패는 성장의 기회로 삼을 수 있습니다.

✦ 10대는 지적 호기심이 폭발하는 시기입니다.
　 스스로 선택하고 집중한 주제에서 배운 것들이
　 앞으로의 인생에 큰 나침반이 될 수 있을 거예요.

청소년기는 뇌 발달에 특히 중요한 시기입니다. 10대 때 전두엽의 가지치기는 앎에 대한 욕구로 이어져요. 두

뇌의 가지치기는 결국 뇌신경 간의 불필요한 연결을 제거해 신호 잡음을 줄이는 것을 의미하죠. 잡음을 제거하면 정보가 더 명료하게 전달되고, 선택과 집중을 통한 효율성이 극대화됩니다.

우리 뇌는 용량에 한계가 있다는 것을 스스로 잘 알기 때문에 정말 관심 있고 좋아하는 것에 집중하게 만듭니다. 그리고 그 작업을 10대부터 집중적으로 해나간답니다. 그러니 자신이 관심 있는 것을 선택하고 집중해 파헤쳐 보면 어떨까요?

공부와 딴짓 사이에서 고민 중이라면 타고난 지적 호기심을 이용해 보세요. 수업 시간에 우연히 철학에 관심이 생겼다면, 그것을 깊이 있게 파헤쳐 보는 것도 좋아요. 인터넷을 통해 필요한 정보를 찾아보고, 더 좋은 자료를 찾는 과정에서 관심 분야에 대한 지식과 흥미가 넓어질 수 있습니다. 영화나 게임 등 좋아하는 것을 깊게 탐구하는 과정에서 학습 열정이 생기고, 그 주제가 학업에도 긍정적인 영향을 줄 수 있어요.

기분이 널뛸 때는 뇌에 브레이크를 걸어야 한다

시간표를 스스로 짤 수 있다면 어떤 하루를 보내고 싶나요? 혜림이는 수면 시간을 지금보다 두 시간 정도 늘려 잠을 더 자고 싶다고 하고, 재호는 친구들과 PC방에 가서 게임하는 시간을 왕창 만들고 싶다고 하네요.

학년이 오르고 학기가 바뀔 때마다 시간표가 달라지는 것은 특정 시기에 따라 우리가 배워야 할 것들이 정해져 있기 때문이에요. 시간표 덕분에 이 과목 저 과목을 골고루 배울 수 있는 것이죠. 그런데 만일 시간표가 없다면 어떻게 될까요?

당장 어떤 수업을 하게 될지 몰라 아무런 준비도 못하게 되진 않을까요? 어쩌면 하루 종일 방황하게 될 수도 있고요.

청소년기가 되자 나도 모르게 "내가 알아서 할게"라는 말을 하게 된다는 친구들을 종종 만나곤 합니다. 심지어 '엄마'에게 그 말을 가장 많이 하게 된다면서요. 내 마음대로 하고 싶은 것을 간섭받는다고 느낄 때나 스스로도 충분히 옳고 그름을 판단할 수 있는데, 통제받는다고 느껴질 때 엄마에게 더욱 "내가 알아서 할게"라고 말하게 된다고 해요.

잠깐 마시멜로 실험에 대해서 이야기해 볼게요. '마시멜로'라니, 맞아요. 여러분이 생각하는 하얗고 부드러운 마시멜로 말이에요.

마시멜로 실험은 1970년대 미국 스탠퍼드대학교의 심리학 연구팀에서 실시한 실험을 말해요. 아이들에게 마시멜로를 준 뒤 15분 동안 먹지 않고 참으면 똑같은 마시멜로를 하나 더 주고, 참지 못하고 먹어버리면 마시멜로를 더 주지 않는 실험이었어요. 실험자는 아이들에게 이 사실을 몇 번씩 반복해서 말해준 뒤 아이와 마시멜로만 남겨놓고 방에서 나와 15분간 아이를 관찰했습니다. 과연 어떻게 되었을까요?

만 4~6세에 해당하는 600명의 아이들을 대상으로 한 이 실험에서 3분의 1에 해당하는 아이들만이 마시멜로를 더 얻었다고 해요. 그리고 실험 이후 이 아이들을 대상으로 무려 약 15년간 추적 연구를 시작했다고 합니다. 그 결과 눈앞의 마시멜로를 먹지 않고 참은 아이들과 참지 못하고 먹어버린 아이들, 두 그룹 사이에는 눈에 띄는 차이를 보였다고 해요.

마시멜로를 먹지 않고 참은 아이들은 참지 못한 아이들보다 성적이 훨씬 우수한 성과를 보였고 건강하고 자신감 넘치는 청소년기를 보냈다고 해요. 게다가 졸업한 후 30~40대에 주식 투자나 결혼 생활 등 다른 분야에서도 긍정적인 결과를 이뤄냈다고 합니다. 이 실험은 보다 긴 안목으로 당장의 욕구를 참을 수 있는 '자기 조절' 능력이 한 사람의 인생에 얼마나 중요한지를 보여줍니다.

✦ 새로운 경험과 끊임없는 도전으로부터
   우리는 자기 조절 능력을 배웁니다.

자기 조절은 다음과 같은 것을 말해요. 분노를 느끼지만 폭발하지 않고 상황에 맞게 표현하는 것, 욕구를 자제하고 해야 할 일에 집중하는 것, 그리고 타인과 어울리고 협동하는 다양한 상황에서 자기 욕심과 감정을 조절하는 것들이에요. 어른들도 완벽하게 해내기 힘든 일이지요. 당연히 10대 아이들에게도 쉽지 않습니다.

하지만 자신의 감정을 조절하고 순간의 욕구를 적절하게 통제하는 방법을 알아야 오랫동안 계속해서 정말 중요한 자신의 목표를 향해 나아갈 힘을 기를 수 있어요. 자기 조절력은 단번에 기를 수 있는 능력이 아닙니다. 끊임없는 실패와 좌절 속에서 완성됩니다.

겉보기에는 발전이 없어 보이고 제자리걸음을 하는 것처럼 보이지만, 반복적으로 스스로 조절할 수 있도록 연습하다 보면 어느 날 자연스럽게 향상된 자기 조절력을 발견할 수 있을 거예요. 내 안에 조절 능력이 자랄 수 있도록 기다려주세요. 그렇다면 자기 조절력을 키우려면 어떻게 해야 할까요?

자기 조절력은 크게 두 가지 요소로 이루어졌어요. 바로 '잠깐 멈출 수 있는 힘'과 '평소 생각하는 힘'입니다. 자기 조절력을 키우기 위해서는 이 두 힘을 길러야 해요.

먼저 잠깐 멈출 수 있는 힘은 5~10초(하나부터 열을 세는 시간) 정도 자신의 충동·분노·욕구대로 행동하는 것을 멈출 수 있는 자제력을 말합니다.

우리는 '잠깐'의 멈춤을 통해 자신의 욕구대로 행동했을 때의 결과를 떠올릴 수 있어요. 내가 하는 행동의 결과를 생각하는 힘이 생기면, 자신에게 유리한 결과를 만들어내는 바른 선택을 하게 됩니다. 어떤 상황에서도 쉽게 흥분하지 않고, 잠깐의 멈춤을 통해 결과를 생각하는 이성적인 태도를 자연스럽게 얻게 될 거예요.

두 번째 평소 생각하는 힘은 일상생활 속에서 발견하고, 질문하는 자세에서 기를 수 있어요. 알고 있는 지식을 바로 떠올리기보다 생각하고 찾고, 발견하는 연습을 해 보

세요. 이를테면 빨간 사과를 보고 단순히 지나치지 말고
'지난번에 먹은 사과는 연두색이었는데 뭐가 다른 걸까?'
하고 좀 더 생각해 보는 자세예요. 그렇게 연습하다 보면
일상에서 점차 새로운 발견을 하게 되고, 그 경험이 쌓이
면 생각의 가지가 다양한 방향으로 뻗어나갈 것입니다.

목표 달성의 핵심,
전전두엽에 있다

전전두엽은 전두엽 중에서 우리의 이마 앞부분을 말합니다. 전전두엽은 추론하고 계획하며 감정을 억제하는 일을 주로 맡아요. 미국의 신경정신과 의사 토머스 구엘티에리Thomas Gualtieri는 전전두엽의 기능에 대해, '목표를 설정하고, 목표 달성을 위해 계획을 세우고, 그것을 효과적인 방식으로 행하며, 문제가 생겼을 때 방향을 수정하고, 성공적으로 수행하는 능력'이라고 정리했습니다.

이를테면 전전두엽이 잘 발달된 아이들은 시험 기간 때, 과거의 경험을 토대로 계획을 세웁니다. 일찍 공부를 시작하면 시험에 대한 부담이 적어진다는 것을 알고 시험 준비를 하죠. 반면에 전전두엽 발달이 미숙한 아이들은 과거의 경험에도 불구하고 시험 전날까지 우왕좌왕합니다. 그러다 시험을 망치는 경우가 더러 있습니다. 과거의 경험에 따라 판단하고 행동하기보다는 순간적인 판단과 본능적인 자기 요구에 더 따르기 때문이에요.

혹시 충동조절이 어려워 조그만 자극에도 감정을 심하게 드러내나요? 그래서 금세 후회할 일을 만들거나 산만한 행동을 하게 되는지요? 여러분의 전전두엽 발달 정도가 궁금하다면 다음 체크리스트를 읽고 각 문항에 해당하는지 체크해 보세요. 해당하는 항목이 많을수록 전전두엽이 아직 미성숙한 상태라는 의미입니다.

전전두엽 발달 정도 체크리스트

1 숙제나 집안일 같은 일상생활에 계속해서 주의를 기울이는 데
   어려움을 느낀다.   (   )

2 타인에 대한 공감을 표현하는 것이 어렵다.   (   )

3 감동을 느낄 수 없다.   (   )

4 조용히 앉아 있는 것이 어렵다.   (   )

5 대화나 게임에 참견하는 등 다른 사람들을 방해하거나
   침해한다.   (   )

6 생각 없이 말하거나 무엇인가를 충동적으로 한다.   (   )

7 명확한 목표나 앞으로의 일에 대한 생각이 부족하다.   (   )

8 너무 많이 말하거나, 반대로 거의 말하지 않는다.   (   )

9 공허함이나 당혹감을 종종 느낀다.   (   )

10 갈등을 추구하는 경향이 있다.   (   )

---

* 참조 : Daniel G. Amen, *Change Your Brain, Change Your Life*, Times Books, 2000

정말 ADHD가
의심된다면

평소 행동을 떠올려 보면서, 다음 항목에 ✔표시를 해 보세요. ADHD는 증상에 따라 주의력결핍 유형과 과잉행동·충동성 유형으로 구분할 수 있습니다. 각 9개의 항목 중 6개 이상에 해당한다면 ADHD가 의심되므로 보다 전문적인 상담을 받기를 권합니다. ADHD 여부의 정확한 진단은 다양한 검사 결과와 임상 전문가의 판단을 종합해 알 수 있어요.

주의력결핍 유형

1 학교에서 수업 혹은 다른 활동을 할 때 집중하지 못해
　실수를 많이 한다. ☐

2 수업이나 놀이를 할 때 활동을 체계적으로 끝마치는 데
　어려움이 있다. ☐

3 과제나 활동을 하는데 필요한 물건을 자주 잃어버린다. ☐

4 다른 사람의 이야기를 귀 기울여 듣지 않는다. ☐

5 지시에 따라서 자신이 해야 할 일을 끝내지 못한다. ☐

6 공부나 숙제 등 지속적인 노력이 필요한 일이나 활동을
　피하거나 꺼린다. ☐

7 외부 자극에 쉽게 산만해진다. ☐

8 일상적으로 해야 할 일을 자주 잊어버린다. ☐

9 수업이나 놀이를 할 때 집중을 유지하지 못한다. ☐

과잉행동·충동성 유형

1 손발을 계속해서 움직이거나 의자에 앉아서도
　몸을 꿈틀거리게 된다. ☐

2 가만히 앉아 있어야 하는 상황에서
　자리에서 일어나 돌아다니게 된다. ☐

3 단체 활동을 할 때 타인을 의식하지 않고 말을 많이 한다. ☐

4   질문을 끝까지 듣지 않고 대답한다.   ☐

5   자신의 순서를 기다리지 못한다.   ☐

6   다른 사람의 활동을 방해하거나 간섭한다.   ☐

7   어떤 일에 차분하게 몰입하지 못한다.   ☐

8   마치 모터가 달린 것처럼 끊임없이
    몸을 움직이거나 행동한다.   ☐

9   상황에 맞지 않게 뛰어다니는 경우가 있다.   ☐

---

* 참조: American Psychiatric Association, *Diagnostic and Statistical Manual of Mental Disorders*, Amer Psychiatric Pub Inc, 2023

마음의 강박을
내려놓는 법

하루에 손을 10번 이상 씻나요? 가스밸브를 잠글 때 반복적으로 잠겼는지 끊임없이 확인하나요? 물건을 항상 반듯하게 또는 대칭으로 두어야 마음이 한결 편안한가요? 이 질문 중에 여러분에게 해당하는 것이 있는지 궁금하네요. 이 질문은 모두 강박장애와 관련된 것들이에요.

강박장애는 자신의 의지와는 상관없이 특정 행동을 반복하는 횟수가 지나치게 많거나 집착하는 듯 보이고, 어떤 생각을 반복해 일상생활에 지장을 주는 정신적 질환입니다. 뇌의 이상과 후천적 스트레스 요인이 복합적으로 작용해 발생하게 되는 것이지요.

강박장애로 고통받는 10대 아이들을 살펴보면 대부분 전두엽의 특정 부위를 통과하는 신경회로가 과잉 활성화되어 강박적 사고나 행동으로 표현된다는 걸 알 수 있었어요. 그러나 모든 환자에게서 뇌의 이상이 발견되는 것은 아닙니다. 개인의 기질이나 성격, 성장 배경 등도 강박장애에 큰 영향을 미치죠.

다음 항목들을 살펴보면서 여러분에게도 해당하는지 살펴보세요. 다음과 같은 증상으로 인한 불편함이 2주 이상 지속된다면 강박증을 의심해 보아야 합니다.

강박장애 자가진단

1 가스나 불, 문단속을 반복적으로 확인한다.   ☐

2 일정한 숫자만큼 반복된 행동을 해야 마음이 편안하다.   ☐

3 자신이나 가족이 다치거나 자신이 다른 사람을
   다치게 할 것 같다는 상상 때문에 두렵다.   ☐

4 먼지/세균/배설물 등과 같은 더러운 것을 지나치게 걱정해
   손을 자주 씻고 샤워하는 시간이 길다.   ☐

5 물건이 자신이 생각하는 자리에 있어야 한다.   ☐

6	자신만의 주문이나 특별한 의식을 갖고 있다.	☐
7	특정 단어만 보면 생각나는 것들이 있다.	☐
8	생각하고 싶지 않은 일들이 자꾸 머릿속을 지배한다.	☐

---

* 참조 : American Psychiatric Association, *Diagnostic and Statistical Manual of Mental Disorders*, Amer Psychiatric Pub Inc, 2023

강박증은 증상이 심하지 않으면 본인과 가족의 노력만으로도 충분히 치료할 수 있지만, 심한 경우에는 강박적 사고나 행동을 촉발하는 뇌의 이상이 만성화되기 때문에 전문가와 상담을 통해 인지치료와 약물치료를 적절히 병행하는 것이 중요합니다. 무엇보다 조기 치료가 중요하다는 사실을 잊지 마세요.

강박장애는 자신의 증상을 제대로 아는 것이 중요합니다. 안 좋은 생각이 들 때마다 생각을 멈추고, 일기를 쓰며 자신을 객관적으로 바라보는 일에 습관을 들이도록 연습해 보세요. 긴장이완을 위해 복식호흡을 하며 마음이 가벼워질 수 있도록 해 보고, 평온함을 유지할 수 있도록 스스로에게 긍정적인 메시지를 전하는 것도 추천합니다.

2부

마음 성장

더 잘해야 한다는
생각에

늘 불안하고
걱정 많은 너에게

"내 마음이 불안하다고 인정하고 의식하는 것은
마음 성장의 가장 중요한 시작입니다."

꼬리에 꼬리를 무는
걱정이 '갓생'을 위협한다

매일 시험을 앞두고 있는 것도 아닌데 긴장되나요? 이유를 알 수 없는 불안한 마음 때문에 부정적인 생각을 멈출 수 없나요? 계획대로 되지 않으면 기분이 상해버리나요? 심지어는 일어나지도 않은 일 때문에 늘 걱정을 안고 산다고요?

우리 뇌는 하나의 생각이나 하나의 감정을 습관적으로 반복하면 그 생각의 길, 회로가 넓고 깊게 파입니다. 수풀이 우거진 길이 있을 때, 그 길을 한 번 지나간다고 길이 생기지는 않지만, 여러 사람이 자주 드나들면 넓은 길이 생기듯 말입니다. 이처럼 한쪽으로 치우친 생각과 감정의 흐름이 넓고 깊어지면 뇌 기능에 문제가 생길 수 있습니다.

누구나 불안한 마음을 품고 삽니다. 불안한 마음만 가득하다면 일상생활을 보내기가 힘들고 어려울 거예요. 그러나 불안과 함께 기쁨, 즐거움, 슬픔과 같은 다양한 감정을 느낄 수 있다면 일정 기간에 힘들다가도 자연스레 괜찮아집니다.

중학교 3학년인 진영이는 평소 휴대폰으로 SNS를 하는 데 시간을 많이 보낸다고 해요. 특별한 목적이 없이 주변 사람들의 사진을 보면서, 먹어보고 싶고, 가보고 싶고, 입어보고 싶은 것들이 늘어난다고 합니다. 원하는 것들이 점점 늘어나니까 다 좇기에는 현실적으로 어렵고, 스스로 뒤처지는 것 같아 항상 불안하다고 해요. 게다가 남들은 자신의 미래를 위해 애쓰는 것 같은데, 하고 싶은 것을 아직 찾지 못해 미래에 대한 부담감과 걱정이 자꾸 쌓인다고요. 꿈을 찾아서 열심히 노력하는 멋진 모습을 SNS에 업로드해 자랑하고 싶은데 그렇게 하지 못한다고 속상해하네요.

긴급 처방으로 박스에 휴대폰을 넣어 보려고 했지만, 눈앞에서 화면이 자꾸 아른거리고 초조해졌다고 합니다. 남들과 끊임없이 비교를 하니 자신감도 떨어지고, 누가 나를 흉보지는 않을까 자꾸 남들 눈을 의식해 걱정된다고 말이죠.

✦ 내가 원하는 것을 잘 알고 있나요?
　남들이 원하는 것이 아닌
　내가 원하는 것을 알아채는 게 중요해요.
　진짜 내 안의 목소리를 들을 수 있도록
　나에게 집중해 보세요.

검은 선글라스를 끼면 세상이 온통 회색빛으로 보이듯이 부정적인 프레임으로 자신과 세상을 바라보는 것은 위험해요. 사람은 성장하면서 수많은 경험을 하게 됩니다. 좋은 경험도 하고 나쁜 경험도 합니다. 주어지는 환경이나 경험은 내가 원하는 대로 선택할 수 있는 것이 별로 없

습니다. 그러나 그 수많은 경험을 어떻게 해석할 것인가
는 나의 선택에 달려 있어요.

불안하다고 해서 그 감정에 사로잡힌다면 자꾸 움츠러
들고 더 깊은 어둠 속으로 걸어가게 됩니다. 좋은 경험을
하느냐 나쁜 경험을 하느냐보다, 주어진 상황을 어떻게
해석할 것인지 세상을 바라보는 나만의 시선을 만드는 것
이 중요해요.

내가 불안하다고 스스로 인정하고 의식하는 것은 불안
을 덜어내는 가장 중요한 방법이자 시작입니다. 불안함을
스스로 느끼지 못하는데 고칠 수는 없기 때문이죠.

'불안함' 자체를 스스로 인식했다는 것만으로도, 내가
불안했다는 사실을 알아차리는 것만으로도 충분한 일이
라고 얘기해 주고 싶어요. 그리고 나아가 그 불안함을 여
러분의 긍정적인 원동력으로 삼았으면 합니다. 불안감으
로 어떤 일에서 실패를 경험했다면 그 또한 경험의 자산
이 되는 법이니까요.

마음이 초조하고 불안한데 어디서부터 어떻게 풀어야 할지 모르겠다면, 감정을 글로 표현해 보는 건 어떨까요? 오늘 내 마음 상태를 돌아보고 솔직하게 적어 보는 거예요. 스스로 이해하고 감정과 상황을 객관적으로 바라보며 문제를 풀어나갈 수 있을 거예요. 내 자신에게 "오늘 하루 어땠어?" 하고 먼저 다정하게 질문해 보세요.

불안을 긍정으로
바꿀 수 있다면

우리는 크고 작은 불안과 함께 살아가고 있어요. 특히 생활의 변화가 생길 때 이전보다 불안한 감정을 더 자주 느끼게 됩니다. 누구나 새 학기 새로운 친구들을 만나기 전에 기대되고 설레는 감정이 들지만 한편으로는 걱정이 되는 것처럼요. 불안은 누구나 느끼는 자연스러운 감정입니다.

그런데 부정적인 감정과 사고는 우리를 힘들게 할 때가 많아요. 부정 심리는 불안, 우울, 분노 같은 감정을 말하는데, 스트레스 상황에서 우리를 더욱 힘들게 하고, 문제해결 능력을 떨어뜨리게 만들어요. 이를테면 친구와 싸웠을 때, "앞으로 나는 친구가 없을 거야"라고 생각하면 더 외롭고 슬퍼집니다. 부정 심리는 우리의 자존감을 낮추고, 모든 일이 잘못될 것 같은 느낌을 만듭니다.

반대로 긍정 심리는 긍정적인 감정과 사고를 의미합니다. 긍정 심리는 스트레스 상황에서도 희망과 행복을 유지할 수 있도록 도와줘요. 예를 들어 친구와 싸웠을 경우, "우린 다시 화해할 수 있어"라고 생각하면 마음이 훨씬 편안해지고, 문제를 해결할 힘이 생기게 됩니다.

긍정 심리를 키우기 위해서는 감사하는 마음을 갖는 게 중요해요. 다양한 방법이 있겠지만, 매일 감사하는 일 세 가지를 적어보는 것을 추천합니다. 조금씩 시도해 보면 부정적인 생각 대신 긍정적인 생각이 내 안에 자리를 잡게 됩니다. 또 긍정적인 자기 대화를 시도해 보는 것도 권해요. 스스로 "난 할 수 있어", "난 소중한 사람이야"라고 말하는 거예요. 처음에는 어색하고 쑥스러울지라도 이런 작은 습관들이 모여 큰 변화를 가져올 수 있답니다.

긍정 심리가 내 것이 되면 삶이 더 밝아지고, 스트레스 상황에서도 쉽게 이겨낼 수 있어요. 어떤 상황에서도 긍정적인 마음을 유지할 수 있도록, 매일 조금씩 연습해 봅시다. 힘든 일이 생겨도 긍정적인 면을 찾으려고 노력해 보는 거예요. 우리 안에는 생각보다 훨씬 강하고, 많은 것을 이겨낼 수 있는 힘이 있어요.

✦ 긍정적인 감정과 사고는
  원하는 목적지로 우리를 데려가 줍니다.
  불안을 땔감삼아 긍정 에너지라는
  불꽃을 피워냅시다.

불안감이 우리를 무척 힘들게 하지만, 사실 불안을 잘 활용하면 성장의 기회로도 삼을 수 있어요. 그중 부정적인 사고 패턴을 긍정적으로 바꾸는 인지행동치료 방법을 소개합니다.

첫 번째 방법은 '인지 재구성'이에요. 부정적인 생각을 긍정적으로 바꾸는 연습을 해봅시다. "나는 실패할 거야"

라는 마음가짐 대신에 "나는 최선을 다할 거야"라고 생각하는 거예요. 긍정적인 생각은 우리를 더욱 강하게 만듭니다.

긍정적으로 사고하는 것을 반복하다 보면, 자연스럽게 자기암시로 무의식에 새겨져 뇌에 명령을 내리고, 뇌는 그 명령에 따라 움직이게 됩니다. 시험이나 발표가 두려울 때, 그 상황을 재해석해 보세요. "이건 나를 성장시킬 기회야"라고 생각하는 거예요. 이러한 사고방식은 불안할 때마다 스스로에게 힘을 실어 줍니다.

우리 모두는 어떤 일을 할 때 실수할 수 있어요. 그 실수조차도 배움의 과정이라고 생각한다면, 불안은 더 이상 두려움의 대상이 아닌 성장의 기회로 변할 수 있답니다.

두 번째는 '노출 치료' 방법이에요. 두려운 상황에 조금씩 노출되는 연습을 해봅시다. 수업 시간에 발표하는 것이 떨리고 무섭나요? 그렇다면 서너 명 정도의 작은 그룹에서 발표를 시작해 보는 거예요. 용기를 내 점차 큰 그룹 앞에서 발표할 수 있도록 해요. 이렇게 하면 두려움이 점점 줄어들 거예요.

처음에는 무서울 수 있겠지만, 자신감이 생길 거랍니다. 작은 성공 경험들이 쌓이면 큰 두려움도 극복할 수 있게 됩니다. 두려운 상황에 조금씩 익숙해지면, 그것이 더 이상 두려운 일이 아니라는 것을 깨닫게 될 거예요.

세 번째는 '이완 기법'입니다. 심호흡이나 명상, 요가 같은 활동을 통해 몸과 마음의 긴장을 풀어보세요. 불안감이 덜해지고, 마음이 차분해질 거예요. 매일 잠깐씩이라도 이완 기법을 연습할 수 있도록 하세요. 심호흡을 할 때는 천천히 깊게 숨을 들이마시고, 천천히 내쉬는 걸 반복하기를 바랍니다. 명상은 우리를 현재에 집중하게 하고, 불안한 생각에서 벗어날 수 있도록 도와줘요.

네 번째는 '행동 활성화'예요. 긍정적인 활동을 계획하고 실천하는 것은 중요합니다. 운동이나 취미 활동을 통해 기분을 바꿔 보세요. 작은 성취감을 느끼면 불안감도 줄어들어요. 새로운 취미를 시작해 보거나 좋아하는 활동에 더 많은 시간을 보내세요. 운동은 스트레스를 해소하고, 긍정적인 에너지를 만듭니다. 특히 취미 활동은 일상에 즐거움을 더하고, 삶의 질을 높여줘요.

이 네 가지 방법들을 통해 불안을 극복하고, 스스로 성장할 수 있는 기회가 되었으면 합니다. 힘들 때일수록 나자신을 믿고, 긍정적인 변화를 만들어갈 수 있답니다. 10대에게는 충분히 강하고, 그 어떤 어려움도 이겨낼 수 있는 능력이 있어요. 불안감을 무서워하지 말고, 오히려 불안감을 통해 더 나은 모습으로 성장해 보세요. 불안은 우리가 더 나은 사람이 될 수 있도록 도전의 계기를 만들어줍니다.

"나도 우울한 내 모습이
낯설어"

인터넷이나 티브이를 통해 공황장애를 겪고 있는 연예인들의 이야기를 본 적이 있을 거예요. 공황장애는 불안장애의 일종으로, 갑자기 가슴이 뛰고 숨이 막혀 쓰러질 듯한 발작이 한 달 이상 지속되는 경우를 말합니다.

공황장애 외에도 '코로나19' 시기를 지나며 소통에 문제를 겪고 고립되기 쉬운 상황에 부닥치자, 우울증을 겪는 사람들이 점점 더 늘어나게 되었지요. 이같이 현대 사회에서는 공황장애나 우울증이 매우 일반적인 것처럼 이야기되고 있습니다. 그럼에도 여전히 자신이 정신 건강에 문제가 있다고 느끼고 병원을 찾는 경우는 드물어요.

우울증은 뇌의 쾌락 중추와 보상회로, 감정 조절 중추 등과 연관된 회로에 문제가 생기는 병입니다. 여기서 '쾌락'은 영어로 'pleasure'인데, 우리가 일반적으로 느끼는 동기, 욕구, 즐거운 기분, 행복감 등을 말합니다. 이러한 감정을 주고받는 기관에 문제가 생기는 것을 우울증이라고 하죠.

청소년기 우울증은 성인기 우울증의 모습과 비슷한 면도 있지만 어떤 부분은 전혀 다른 형태로 나타나요. 짜증을 내고 반항적인 행동을 하는 모습을 보이기도 하고 즐거움을 느낄 줄 아는 능력을 우울증으로 인해 잃어버리기도 해요.

평소 즐겨하던 활동과 대상에 대해서 흥이 나지 않고 예전처럼 재미있거나 즐겁지 않을 때가 있나요? 예를 들어 그토록 빠져들었던 게임이나 아이돌 영상마저 재미없어지는 무쾌감-무의욕의 상태가 되었다면, 우울증으로 인해 우리 대뇌의 쾌락 중추와 연관된 회로에 문제가 생겼다고 봅니다.

회로에 문제가 생기면 어떤 상황을 잘못 해석하게 되는 경우도 있어요. 부정적인 생각이 많아지고 시야도 좁아지고, 다른 사람들이 나를 싫어한다고 생각하거나 모든 일을 부정적으로 보게 됩니다. 특히 부모님에게 비판적인 자세를 취하게 되죠. 부모님의 사랑과 지원은 보이지 않고 오로지 간섭과 통제, 지시만 보입니다. 부모님과의 갈등이 계속되고, 자기 모습에 자책하게 됩니다. 사람들이 다 자신을 싫어한다고 생각해서 자존감도 낮아지고요. 그러면서 더 우울해집니다.

✦ 우울은 누구에게나 찾아올 수 있어요.
    우울한 감정이 나를 지배한다면,
    가까운 사람들에게 내 상태를
    솔직하게 표현하는 것이 중요해요.

청소년기의 우울증 특성은 무엇인지 확인해 볼까요? 아이들에게 해당하는 부분이 있는지 아래 항목들을 살펴보도록 해주세요.

우울 문제에 대한 자기 평가

즐거움이 없다.　　　　　　　　　　　　　　　　□

희망이 없다.　　　　　　　　　　　　　　　　　□

자존감이 낮다.　　　　　　　　　　　　　　　　□

기분 변덕이 심하다.　　　　　　　　　　　　　　□

쉽게 분노한다.　　　　　　　　　　　　　　　　□

성적이 떨어지고 있다.　　　　　　　　　　　　　□

또래 관계에서 위축되는 기분이다.　　　　　　　　□

너무 많이 자고 너무 많이 먹는다. 또는 잠을 못자고 식욕이 없다.　□

비행, 약물남용, 성적으로 문란하다.　　　　　　　□

자살을 시도한 적이 있다.　　　　　　　　　　　　□

원인 모를 신체적 고통을 겪고 있다.　　　　　　　□

　　해당하는 부분이 있어도 당황하지 마세요. 처음으로 '우울한 내 마음'을 마주했기 때문이에요. 누구나 살아가면서 겪는 일이랍니다. 어른도 우울증이 있으면 자신의 속마음을 털어놓거나 도움을 요청하기 어려워해요.

　　10대 아이들은 우울한 마음을 터놓더라도 가족보다는

주로 친구에게 말하는 게 편할 거예요. 하지만 친구도 익숙하지 않은 감정이거나 처음 느끼는 감정이기 때문에 또래 집단에서는 고민을 해결할 조언을 주고받기가 어렵습니다. 그럴 때 저는 이렇게 조언해요.

"도움이 필요하면 언제든 가까운 어른들에게 청해라. 선생님도 좋고 부모님도 좋고 친척이어도 좋아. 아니면 정신건강센터나 온라인상담센터를 이용했으면 해. 그러면 훨씬 빠르게 도움을 얻을 수 있단다."

그저 마음을 털어놓으면 됩니다. 그것만으로 큰 용기를 낸 거예요. 우울감에서 벗어나기 위해서 가장 먼저 할 일은 바로 자신의 마음을 표현하는 겁니다. 청소년기 우울증은 생각보다 흔한 일이고, 10대 아이들이 아픈 것은 야단맞아야 할 일이 아니라 도움받고 치료받아야 할 일이라는 사실을 꼭 기억하세요.

가상세계에서 벗어나
현실로 로그인할 시간

중학생 남매를 자녀로 둔 한 가족을 만난 적이 있어요. 밤새 게임을 해서 밤낮이 바뀌어버려 학교생활에 집중하지 못한다는 현우, 학교나 학원에 다녀와서 짬이 날 때마다 게임에 몰두하는 예슬이, 그리고 그 두 사람을 남매로 둔 부모님을 만났습니다.

부모님은 아이들의 게임을 어디까지 허용해야 하는지 걱정이 많았어요. 아이들과 부딪히는 것이 싫어서 게임 시간을 적당히 주려고 하지만 게임에 중독되지는 않을지, 게임을 안 해서 친구들 사이에서 소외되는 것은 아닌지 걱정하셨어요. 현우와 예슬이는 부모님 앞에서 별다른 이야기를 하지는 않았지만, 부모님이 없는 사이에 제게 집에서 심하게 통제를 받고 있다며 불만을 쏟아냈습니다.

청소년기 가족이 있는 집이라면 가장 많이 고민하는 문제 중 하나가 바로 게임입니다. 학업에 몰두하기를 바라는 부모님에게 게임은 시간을 뺏고 부모와 자녀 관계에 갈등을 일으키는 주요 요인으로 보여요.

실제로 게임에 지나치게 몰입할 경우, 현실에서의 대인관계에 어려움을 겪거나 사회성이 떨어질 수 있습니다. 폭력적이고 자극적인 콘텐츠에 오래 노출되면 그것을 모방하려 할 수 있고, 도박이나 성인물 광고가 연동된 게임으로 인해 유해 정보를 접할 가능성이 높습니다. 중독성이 강한 사이버도박은 청소년에게 단순 게임으로 인식되면서 많은 사회적 문제를 일으키고 있어요. 분명 범죄인데 말입니다.

✦   하루에 휴대폰을 보는 시간이 얼마나 되나요?

현실세계보다 가상세계에
더 오래 머무르지는 않나요?
이제 현실세계로 로그인하세요.

　온라인 세상은 게임만 하는 공간이 아닙니다. 온라인은
새로운 세상을 만들고 있어요. 각종 전염병으로 사회적
거리두기를 해야 하는 때에도 온라인 주문으로 생필품을
구매할 수 있었고, 온라인 미팅으로 어른들은 재택근무
를, 아이들은 온라인 수업을 무리 없이 해냈어요. 온라인
으로 세계 곳곳을 둘러볼 수 있고, 세계 어느 곳에 있는
누구와도 언제든 대화할 수 있습니다. 어떻게 보면 우리
는 현실세계보다 온라인 세상에서 더 많은 시간을 보내고
있는지도 모릅니다.

　온라인 세상은 화려하고 가능성이 무한한 만큼 자극적
이고 유해한 콘텐츠로 우리를 유혹해요. 요즘은 나이를
가리지 않고 숏폼(짧은 동영상) 중독자가 늘어나고 있습니
다. 인스타그램과 유튜브를 오가며 숏폼 보는 일에 많은
시간을 쓰고 있죠. 눈길이 가는 영상을 15~60초 정도의

짧은 시간 동안 압축적으로 보여 주는데, 휴대폰을 한 번씩 밀 때마다 새로운 영상이 이어지니깐 계속해서 멍하니 보게 됩니다. 이러한 콘텐츠, 그중 게임에 중독되면 한창 뇌 발달 중인 10대 친구들에게 미치는 후유증이 커집니다. 정신 발달을 방해할 수 있고, 기능에 이상이 생긴 정도라면 회복되는 데 오래 걸릴 수도 있어요.

10대의 뇌, 특히 전두엽이 열심히 가지치기하고 있다는 내용을 기억하나요? 전두엽의 가지치기가 조절 능력 기능을 상대적으로 떨어뜨리면서, '중독'에 빠질 수 있는 위험도를 높입니다. 외부의 자극을 받아들이는 데 약해지는 것이죠. 조절 능력이 떨어진 10대의 뇌는 해당 자극을 계속 받고 싶어 해요. 정도가 지나칠 만큼 반복하는 중독 상태에 빠지게 됩니다.

게임은 충동성이 높아진 10대의 뇌에 매우 강한 자극으로 전달됩니다. 청소년기의 뇌는 충동적이어서 자극적이고 감각적인 것을 좋아해요. 그래서 텍스트보다 이미지, 새로운 것, 자극적인 요소가 많은 게임에 쉽게 빠져들게 됩니다.

컴퓨터나 스마트폰을 스스로 조절하고 계획적으로 사용한다면 문제가 없지만, 과도하게 많이 사용한다면 보호자의 관심과 점검이 필요해요. 또 지나치게 가상세계에 고립되다 보면 성인이 되어서 대화보다는 메일이나 메신저로 소통하기를 선호하게 되고, 다른 사람과 함께 일하기보다 혼자서 할 수 있는 것만 찾는 대인기피 증상을 보이게 될 수 있습니다. 평소 행동을 떠올려 보며 다음 항목의 내용들을 얼마나 자주 느꼈는지 표시해 볼까요?

게임 중독 자가 진단

식사나 휴식 없이 게임을 하는 시간이 점점 늘어나고 있다. ☐

게임을 하다가 그만두면 또 하고 싶어서 부모님께 조를 때가 많다. ☐

게임을 안하면 초조하고 불안해서 어찌할 바를 모르겠다. ☐

게임을 하느라 가족, 친구와의 소통하는 시간이 줄었고
외로움을 느낀다. ☐

다른 할 일이 있을 때도 게임을 우선적으로 하고 있다. ☐

게임을 하는 시간이 하루 중 가장 편안하다. ☐

게임과 관련된 불안, 분노, 스트레스 등 부정적인 감정을
자주 느낀다. ☐

게임을 오래 하느라 학업에 소홀해지고 성적이 떨어졌다. ☐

정해진 시간까지 하겠다는 약속을 대부분 지키지 않는다. ☐

게임을 하지 못하게 하면 화를 내거나 짜증을 부린다. ☐

게임을 못 하게 되면 일상이 지루하고 재미없다. ☐

어떤가요? 과반수 이상의 항목에 해당된다면 게임 중독의 위험성이 있습니다. 게임 중독에서 벗어나기 위해서는 생활 패턴을 변경해야 해요. 하루에 특정 시간을 정해서 게임하는 습관을 만들고, 다른 취미 생활을 찾아보도록 합시다. 또한 일상적인 목표를 달성해 성취감을 맛보거나 친구들 또는 가족들과 야외 활동 시간을 보내는 것이 많은 도움이 될 거예요.

10대는 에너지가 높고 신체적으로 급성장하는 시기인만큼 필요한 활동의 양도 많은 때입니다. 여기서 말하는 '활동'은 운동과 같은 신체 활동만 뜻하지 않아요. 문학, 예술, 체육 활동을 함께하는 것뿐만 아니라 가족의 일을

돕거나 자기관리도 포함됩니다. 주위를 조금만 둘러보아도 에너지를 소진하고 건강한 균형을 맞출 수 있는 활동이 다양하게 존재해요.

에너지를 소진하지 못하고 활동 욕구가 충족되지 않으면 뇌 발달에도 좋지 않아요. 이성적이고 논리적인 학습량은 엄청나게 많은 반면, 정서적이고 신체적 욕구와 관련된 활동이 적으면 뇌의 전두엽 중에서도 '대상회'에 문제가 생깁니다.

대상회에 문제가 생기면 보상과 자극을 지연하는 것을 견디지 못하게 됩니다. 보상(자극)받을 수 있는 행동을 당장 실행해야 하고, 그것을 막으면 견디지 못하고 폭발하게 됩니다. 이를테면 유튜브를 보고 싶으면 봐야 하고, 게임을 하고 싶은데 게임을 못 하게 되면 감정이 폭발하는 것입니다. 보상회로의 문제가 중독을 일으키기 쉬운 구조로 이어지는 것이죠.

온라인 게임과 SNS는 시대적 요구와도 맞물려 있기 때문에 무작정 우리가 막거나 피할 수는 없습니다. 그럴 수 있는 시대도 아니지요. 하지만 '중독'의 문제는 다른 차원입니다.

무언가에 중독이 되었다고 느낀다면, 24시간 중에서 수면 시간과 활동적인 행동을 하는 시간을 늘리는 것부터 시작해 보세요. 에너지를 소진하고 활동 욕구를 충족시켜 균형 잡힌 일상생활을 유지할 수 있도록 만들어 봅시다. 그렇게 하다 보면 게임을 즐기면서도 중독과는 거리가 먼 균형잡힌 생활을 할 수 있을 거예요.

선생님의 한마디

게임 생각이 날 때마다 무엇을 하면 좋을까요? 에너지가 넘치는 청소년에게 몸으로 활동하는 것을 추천합니다. 몸으로 할 수 있는 체육 활동은 많지만, 그중에서도 집에서도 손쉽게 할 수 있는 '스트레칭'을 권합니다.

스트레칭은 전문가의 도움 없이 혼자서 쉽게 할 수 있고, 스트레스를 해소하는 데 도움이 될 뿐만 아니라 건강까지 챙길 수 있어요. 컴퓨터를 하면서 뭉쳐진 몸을 곧게 쭉 펴서 근육이 늘어나는 느낌을 느껴보세요. 신체의 균형을 유지하기 위해서도 필요한 운동입니다. 단순해 보이지만 스트레칭만큼 일상생활에 유용한 운동은 없답니다.

'좋아요'를 누르고 '부러움'을 얻었습니다

게임 세상은 오프라인과 구분된 가상의 공간이 별도로 존재합니다. 하지만 SNS는 현실과 가상의 공간이 뒤섞인 곳이에요. 실제로 만나 잘 알고 있는 사람, 내가 전혀 모르는 사람이 서로 연결되어서 관계를 맺는 세상이죠.

온라인 공간에서 새로운 자아를 만들어 자신이 원하는 대로 활동하는 부분에서는 게임과 SNS가 비슷하다고 볼 수 있지만, SNS는 '관계'와 '인정'에 좀 더 집중되어 있다고 볼 수 있어요.

우리는 왜 SNS를 할까요? 한번 스스로에게 질문해 봅시다. 사람들은 SNS 공간에서 전에 없던 사회적 관계를 경험하게 됩니다. 실제로 알거나 혹은 모르는 누군가가 나를 응원해 주기도 하고 인정해 주며 상호 욕구가 충족되기도 하고 충돌하기도 합니다. 그런 '지지 욕구'와 '인정 욕구'가 뒤섞인 공간이 바로 SNS입니다.

'좋아요'를 누군가가 눌러주길 바라는 마음은 인정 욕구와 연결되는데, 연구 결과를 살펴보면 아이러니하게도 이러한 욕구를 원하면 원할수록 점점 더 외로워진다고 해요. 사람들은 더 많은 인정을 받고 싶어 하거든요. 또 다른 사람의 일상이 내게 허탈감을 키울 수도 있어요.

우리는 일상의 수많은 단편 중에서 가장 멋지고 아름답고 화려한 순간을 사진으로 남깁니다. 그러한 순간들이 모인 곳이 SNS이기 때문에 SNS가 담은 세상은 내가 위치한 환경과는 다른 반짝 빛나는 별천지로 보이기 쉬워요. 자연스럽게 상대적인 박탈감이 생깁니다. 자신을 더 과장되게 드러내고 싶은 경쟁적인 마음도 생기기 마련이지요. 자기 일상을 더 선택적으로 왜곡되게 드러내고, 심지어는 가짜 스토리를 만들어 내기도 합니다. '나도 이 정도는 한다', '이건 내가 더 낫다'는 마음을 갖게 되는 것이죠.

✦ SNS를 할수록 마음이 텅 빈 것 같나요?
우리는 정서적으로 충족되어야 마음도
건강하고 자존감도 튼튼해집니다.
주변의 가까운 사람과 만나
눈을 마주치고 미소를 나누며
함께 소통하는 건 어떨까요?

불특정 다수가 있는 온라인 공간에서는 소통의 만족감 보다는 부족함을, 즐거움보다는 외로움을 느끼기가 쉬워 집니다. 그러면 상대적인 박탈감은 훨씬 더 크게 느껴집 니다.

우리는 SNS 그 자체를 멈추기 어려운 시기에 살고 있어요. 그 때문에 SNS에서 서로에게 더 많은 친밀감을 원하고, '좋아요'를 더 많이 받기를 바라고, 자신의 글에 더 빨리 반응해 주기를 원하게 되지요. 그러나 그런 반응을 매번 받기 어려운 만큼 좌절감도 자주 느낍니다. 일상에서 매 순간 상실감을 느끼게 됩니다.

저 역시 SNS를 해볼까 생각했던 적이 있습니다. 그런데 SNS활동을 하려면 생각보다 부지런해야 하더라고요. 누군가는 다른 사람의 멋진 모습을 보면서 더 열심히 살기 위한 동기부여가 된다고도 하는데, 저는 SNS 자체가 개인적으로 '포장'을 열심히 하게 만든다는 생각이 들었어요. SNS에서 한 다리 건너 만나는 사람에게 '좋아요'를 누르고 지지할 수 있는 에너지가 있다면, 오프라인에서 만나는 가족, 지인, 동료들에게 더 충분한 시간을 쏟는 것이 좋지 않을까 싶습니다.

10대 친구들은 주변의 어른보다 인플루언서나 SNS 롤모델의 영향을 더 많이 받을 거예요. 자신이 동경하는 누군가의 말에 자기 판단을 맡길 정도로 크게 의지하는 경우도 많지요. 제가 SNS를 많이 하는 친구들한테 우려하는 것은 상실감, 열등감, 자괴감을 넘어서 더 과격해지는 모습들에 있어요.

게다가 최근 학교폭력과 집단 따돌림이 SNS 공간으로 옮겨오면서 그 문제가 심각해지고 있습니다. 온라인에서 따돌림을 당해 자살이라는 끔찍한 생각까지 떠올리는 친구들의 수가 많아졌어요. 싫고 좋음을 쉽게 표현하는 온라인 공간에서 따돌림을 당하면 그것은 매우 큰 충격으로 다가오기 마련이에요. 또 SNS에서의 따돌림은 시간과 공간을 초월합니다. 더 집요하고, 그 흔적이 고스란히 가상공간에 남기 때문에 보고 또 보고 곱씹으며 2차, 3차 피해를 받기 쉽습니다.

SNS로 인한 문제가 일어나지 않으려면 현실세계에서 부모님은 물론 친구들과 솔직한 대화를 많이 나눌 수 있도록 해요. 혼자 끙끙 앓고 있는 문제를 쉽게 터놓을 수 있어야 해요. 기본적이고 당연한 이야기이지만, 쉽게 놓칠 수 있는 부분이라고 생각합니다.

좋아하는 아이돌이 있나요? 콘서트도 가고 싶고, 온갖 굿즈를 모으고, 브이로그나 라이브방송도 빠짐없이 보고 싶은가요? 자신이 좋아하는 분야, 특히 연예인과 관련된 정보를 살피고 모으며 그에 빠져드는 '덕질'은 SNS에서 빠질 수 없는 일이죠.

누군가를 좋아하는 마음이 가득한 건 아름다운 일이에요. 그러나 나 자신을 잃어버린 채로 일상생활을 소홀히 하게 되면 그것은 곧 자신을 파괴하는 행위와 다름없습니다. 스스로 브레이크를 걸 수 있도록 적당한 선을 지키면서 즐기세요. 그럴 때 '덕질'이 일상에 활력을 줄 거예요.

건강한 마음이
건강한 몸을 만든다

학년이 올라갈수록 공부가 더 어려워지고, 숙제하는 것조차 힘에 겨울 때가 있나요? 그럴 때는 어떻게 해결하나요? 친구들과 만나 PC방에 가거나 불닭볶음면이나 마라탕같이 매운 음식을 먹는 것으로 스트레스를 푸나요? 아니면 책상에 엎드려 있거나 멍하니 휴대폰을 보며 시간을 보내나요?

스트레스를 받으면 우리 뇌는 호르몬을 분비하면서 교감신경계를 조절합니다. 교감신경계는 우리 몸 구석구석에 퍼져 있는 자율신경계를 말하는데 혈관, 내장, 심장 등에 영향을 미쳐요. 스트레스를 받으면 뇌에서 이를 위험한 상황으로 인지하고 경고음을 울리며 아드레날린 시스템을 작동시켜요. 아드레날린 호르몬이 우리 몸에 분비되면 각성하게 되고, 집중력과 활동력이 올라갑니다. 스트레스로부터 우리 몸을 지키기 위해 긴장시키는 것이죠.

사실 자율신경계는 우리의 의지대로 조절하기가 어려워요. 이를테면 '땀 나지 마'라고 마음먹는다고 땀이 안 날 수 없듯 말이에요. 우리 마음이 편할 때는 부교감신경계에서 피가 잘 흐르도록 혈관을 느슨하게 하고, 혈압을 낮추고, 심장박동수를 일정하게 유지하며, 위나 장으로 가는 피의 양을 늘려 소화를 촉진시킵니다. 혈관이 느슨해져서 피부도 따뜻하게 유지되는 것이죠. 면역 기능도 활성화되어 외부 균으로부터 감염되지 않도록 지킵니다.

✦ 마음과 몸은 긴밀하게 연결되어 있어요.
    우리 몸에 빨간 불이 켜진다면
    마음도 빨간 불이 켜집니다.

108

마음에 빨간 불이 켜지면

우리 몸도 빨간 불이 켜져요.

그런데 위기 상황이 오면, 정확하게는 위기가 왔다고 느끼면 우리 뇌에서 공포와 불안 같은 감정을 일으키면서 아드레날린을 분비하고, 아드레날린 호르몬이 교감신경계를 통해 우리를 닦달하기 시작합니다.

심장박동수를 증가시켜 더 많은 피를 뇌와 몸에 공급해요. 혈관이 수축하면서 혈압은 올라가고, 혈류량이 줄면서 피부는 차가워집니다. 호흡이 빠르고 얕아집니다. 소화기관으로 가던 피의 상당량이 근육으로 흘러서 소화도 잘 안 돼요. 감정도 격해지게 됩니다. 흥분했을 때나 시험을 앞두고 있을 때 우리 몸의 상태예요. 그러니 스트레스를 오랜 기간 받는다면, 게다가 이를 표현하지 않는다면 어떻게 될까요?

스트레스 없이 최적의 컨디션으로 유지되던 몸의 균형이 무너지고, 빨간 불이 들어온 응급상황으로 지내게 됩니다. 늘 예민하고 짜증이 나고 불안한 상태가 되는 것이죠. 과도한 압박은 몸을 아프게 만듭니다. 소화기관이 약해져 자주 속이 아프고 과민성 대장증후군이나 장염으로 시달릴 수 있어요. 감기에 잘 걸리기도 합니다.

이런 상태가 지속되면 마음 건강은 어떻게 될까요? 작은 일에도 불안 정도가 높아질 것입니다. 불안은 깊은 잠을 방해해서 낮 동안 피로감에 시달리게 하고, 짜증이 많아지게 만들며, 집중력을 망가뜨립니다. 스트레스가 오래 지속되면 우리 몸의 상태가 나빠지게 되죠.

혼란스러운 감정이 들 때, 그것을 표현하지 않으려고 애쓰면 안 됩니다. 힘들면 힘들다고, 어려우면 어렵다고 표현해야 해요. 감정을 표현하지 않고 억누르면 나중에는 그 감정에서 벗어나지 못하게 됩니다. 마음속에 고여 있던 슬픔과 불안이 행동 문제나 중독 문제로 나타나기도 해요. 충분히 겪고 표현하고 소통하면서 소화시켜야 그 감정에서 천천히 벗어나게 됩니다. 그 감정을 밖으로 털어내지 않으면, 오랜 시간이 흐른 후에도 반드시 곪아 터지게 되어 있어요.

오랜 시간 화가 난다면 계속 화를 참고 있는 것은 아닌지 살펴야 합니다. 마음속에서 너울대는 움직임을 표현하지 않고, 힘든 마음을 내색하지 않고 참아내는 것을 '성숙'하다는 말로 포장해서는 안 돼요. 10대 친구들은 지금 질풍노도의 미완성 시기를 지나고 있습니다. 몸도 마음도 성장하는 중이에요.

갑자기 마음속에 혼란스러운 파도가 밀려왔는데, 그것을 표현하지 않고 있다면 내 마음에 '부정적 신호'가 쌓이고 있는 것은 아닌지 살펴야 해요. 잔잔한 파도가 쌓여 큰 너울이 될 수 있습니다. 억누르지 마세요. 문제를 밖으로 표출합시다. 폭탄을 안고 살 수는 없어요.

표현하지 못하고 눌러 두었던 아픔은 나아지지 않아요. 솔직하게 털어놓을 수 있는 나만의 해방구가 있어야 합니다. 숨통을 트일 만한 구멍을 꼭 갖고 있어야 해요. 넋 놓고 잠시 그대로 있을 시간과 공간도 좋아요. 내 생각과 감정을 표현할 자유, 딴짓을 할 여지를 남겨 두세요.

내적인 긴장이나 불안으로 힘들어한다면, 취향에 맞는 자유롭고 활동적인 취미를 추천해요. 혼자 달리기를 할 수도 있고, 좋아하는 음악을 듣고 몸을 가볍게 움직여 볼 수도 있습니다. 친구들이나 가족들과 보드게임을 하는 것도 좋겠어요. 스트레스를 해소할 수 있는 나만의 출구를 만들어 봅시다!

마음 검진을
시작합니다

여러분의 스트레스는 무엇인가요? 학업에 대한 압박감, 경제적인 문제, 친구관계에서의 문제 같은 것들을 스트레스를 일으키는 원인이라 생각하나요?

스트레스를 처음 정의한 캐나다의 생리학자 한스 셀리에Hans Selye에 따르면 스트레스란 '신체에 가해진 어떤 외부 자극에 대하여 신체가 수행하는 일반적이고 비특징적인 반응'이라고 합니다. 이후 스트레스의 정의가 다양하게 내려지다가 최근에는 스트레스를 개인과 환경과의 복잡하고 역동적인 상호작용으로 보고 있어요. 즉, 개인에게 내적인 요구와 외부적인 압력이 발생했지만 이를 해결할 수 없는 경우 스트레스를 받는 것으로 생각하는 것이죠.

그런데 스트레스가 늘 해로운 것만은 아니에요. 좋은 스트레스는 생활하는 데 일정 부분을 자극하여 도전하도록 유도합니다. 반면 나쁜 스트레스의 경우 과도한 압력으로 작용해 부정적인 결과를 유도하는 역할을 하게 됩니다. 결국 스트레스 자체를 피할 수 없는 상황이라면 내 앞에 닥친 스트레스를 어떻게 다룰 것인지의 문제가 아주 중요합니다.

지금부터 스스로 질문에 답해 보며 스트레스를 점검해 보세요.

나는 스트레스를 얼마나 받고 있나?

최근 한 달 동안 다음 문제의 내용들을 얼마나 자주 느꼈는지 표시해 주세요. 스트레스를 받는 정도를 시각적으로 표시함으로써 스스로 어떠한 것에 직접적인 영향을 받는지 살펴봅시다.

① 너무 많은 숙제와 시험을 위해 공부하는 것이 지겹다.

전혀 그렇지 않다 □   그렇지 않다 □   보통이다 □   그렇다 □   매우 그렇다 □

② 노력하는 만큼 성적이 오르지 않는다.

전혀 그렇지 않다 □   그렇지 않다 □   보통이다 □   그렇다 □   매우 그렇다 □

③ 수업 시간은 재미없고 따분하다.

전혀 그렇지 않다 □   그렇지 않다 □   보통이다 □   그렇다 □   매우 그렇다 □

④ 배우는 과목이 너무 어렵다.

전혀 그렇지 않다 □   그렇지 않다 □   보통이다 □   그렇다 □   매우 그렇다 □

⑤ 선생님과 대화도 없고 인간적인 관계를 가질 기회도 없다.

전혀 그렇지 않다 □   그렇지 않다 □   보통이다 □   그렇다 □   매우 그렇다 □

⑥ 부모님의 지나친 간섭으로 부모와 갈등이 있다.

전혀 그렇지 않다 □   그렇지 않다 □   보통이다 □   그렇다 □   매우 그렇다 □

⑦ 부모님의 관계가 좋지 못하다.

전혀 그렇지 않다 □   그렇지 않다 □   보통이다 □   그렇다 □   매우 그렇다 □

⑧ 형제/자매/남매간에 갈등이 있다. 혹은 외동일 경우,
   형제가 있었으면 한다.

전혀 그렇지 않다 □   그렇지 않다 □   보통이다 □   그렇다 □   매우 그렇다 □

⑨ 가족 문제로 집안 분위기가 어둡다.

전혀 그렇지 않다 □   그렇지 않다 □   보통이다 □   그렇다 □   매우 그렇다 □

⑩ 마음을 터놓고 이야기할 친구가 없다.

전혀 그렇지 않다 □   그렇지 않다 □   보통이다 □   그렇다 □   매우 그렇다 □

⑪ **친구에게 실망하여 친구관계를 지속하기가 힘들다.**

전혀 그렇지 않다 □ 그렇지 않다 □ 보통이다 □ 그렇다 □ 매우 그렇다 □

⑫ **친구와의 불화, 선후배 관계, 특별활동에서의 인간관계가 힘들다.**

전혀 그렇지 않다 □ 그렇지 않다 □ 보통이다 □ 그렇다 □ 매우 그렇다 □

⑬ **나는 남들에게 무시당하거나 오해 받는다.**

전혀 그렇지 않다 □ 그렇지 않다 □ 보통이다 □ 그렇다 □ 매우 그렇다 □

어떤 부분에서 스트레스를 많이 받고 있나요? 누구나 스트레스를 받고 살아가지만 자신의 스트레스가 무엇이고 어떻게 시작되는지 알게 된다면, 그 원인을 줄여나갈 수 있어요. 그러니 내 안을 괴롭히는 스트레스의 원인을 파악해 덜어내는 것이 중요합니다.

스트레스에
휘둘리지 않는 방법

스트레스에는 여러 종류가 있습니다. ABC 모델을 통해 스트레스가 어떻게 발생하는지 알아볼게요. 스트레스는 우리 삶에서 피할 수 없는 부분이지만, 내 안의 스트레스를 잘 이해하고 관리할 수 있다면 긍정적인 에너지로 바꿀 수 있어요.

A (Activating Event)

스트레스를 유발하는 사건이나 상황을 말해요. 예를 들

어, 중요한 시험을 또는 친구와의 갈등이 여기에 해당됩니다. 이런 일들이 발생하면 우리 마음은 불편해질 수밖에 없어요. 선생님이 숙제를 많이 내주거나, 친구와 예상치 못한 오해가 생기면 마음이 복잡해지고 머리가 아파옵니다. 이러한 일들이 A, 즉 스트레스를 일으키는 원인입니다.

B (Belief)

'B'는 어떤 특정한 사건에 대한 우리의 신념이나 해석을 의미해요. 시험을 앞두고 있을 때 "나는 실패할 거야"라고 생각하면 스트레스가 훨씬 더 커지고 맙니다.

우리의 해석이 스트레스의 강도를 결정합니다. "시험을 잘 못 보면 난 바보야"라고 생각하면 더 힘들어지지만, "시험이 어려웠지만 난 최선을 다했어"라고 생각하면 마음이 좀 더 편안해져요. 스트레스는 내가 어떤 마음을 먹었느냐가 중요하다는 사실을 잊지 마세요.

C (Consequence)

'C'는 앞서의 신념이 초래하는 결과를 뜻해요. 신체적, 정서적 반응이 포함됩니다. 이를테면 "나는 결국 실패하고 말거야"라고 믿으면 불안해지고, 불안도가 커져서 몸도 아파질 수 있어요. 스트레스가 심하면 두통이 생기거나, 잠을 잘 못 자게 되는 경우가 여기에 해당됩니다. 그래서 스트레스를 잘 관리하려면 사건 자체보다 그것에 대한 우리의 해석을 긍정적으로 바꾸는 게 중요해요. 어떤 상황이 닥쳤을 때 무엇보다 "나는 할 수 있어"라고 먼저 생각하게 되면, 아무런 준비가 없을 때보다 스트레스도 덜하고 자신감도 생길 거예요.

스트레스 조절에는 마음먹기가 중요해요. 스트레스를 일으키는 사건이나 상황을 바꿀 수는 어렵지만 스트레스를 받아들이는 자신의 인식이나 해석을 바꿀 수 있어요.

불안 없는 내일을 위한
마음챙김

마음챙김은 현재의 순간에 집중하고 있는 그대로를 받아들이는 연습이에요. 특히 공부와 여러 가지 스트레스로 지친 10대 아이들에게 마음챙김은 큰 도움이 될 거예요.

1. 호흡에 집중하기

먼저 편안한 자세로 앉아 천천히 깊게 호흡해 보세요. 숨을 들이마시고 내쉬면서 호흡에만 집중합시다. 잡다한 생각이 떠오르거나 딴짓을 하게 되어도 다시 호흡에 집중하면 됩니다. 이렇게 하면 마음이 차분해지고, 스트레스가 줄어들 거예요. 공부하다가 머리가 복잡할 때 잠깐 눈을 감고 호흡에 집중해 보세요. 마음이 한결 편안해질 거예요.

2. 신체 스캔

발끝부터 머리까지 신체의 각 부분에 집중하며 긴장을 풀어 보세요. 발끝부터 천천히 몸을 느끼면서 어느 부분이 긴장하는지 확인하고, 그 부분을 풀어주는 거예요. 몸이 편안해지면 마음도 편안해질 거예요. 하루 종일 책상에 앉아 있으면 몸이 뻐근할 때가 많죠. 이럴 때 신체 스캔을 통해 몸의 긴장을 풀어 보세요.

3. 감각 자각

주변의 소리, 냄새, 촉감을 주의 깊게 느껴보세요. 지금 이 순간에 집중하면서 감각을 느껴보는 거예요. 이렇게 하면 현재에 몰입할 수 있고, 나를 방해하는 잡생각이 줄어듭니다. 산책을 하면서 주변의 소리에 귀를 기울이거나, 좋아하는 향을 맡으며 기분 전환을 해 보세요.

4. 감정 인정

자신의 감정을 판단하지 않고 그대로 받아들이세요. "지금 내가 불안함을 느끼고 있구나"라고 인식하는 거예요. 감정을 있는 그대로 받아들이면 오히려 그 감정이 줄어들게 돼요.

마음챙김은 꾸준히 연습하면 스트레스를 줄이고, 정신적인 안정을 유지하는 데 큰 도움이 됩니다. 매일 조금씩 마음챙김 연습을 통해 상처 받은 마음을 건강하게 가꿔 보세요.

혹여나 스트레스 관리에 막막함을 느끼고 있는 10대라면 제가 개발한 '청소년 스트레스 프로그램'을 추천합니다. 구글에서 '청소년 스트레스'를 입력하면 가장 먼저 나와 찾기 쉽습니다.

- https://www.teenstress.co.kr.

스트레스 관리에 도움을 주는 온라인 트레이닝 방법을 구체적으로 제시하고 있답니다. 모두 건강한 마음 습관을 기르도록 해요.

내면 훈련

마음속 불안을
다정하게 받아들이며

좋은 인생으로 성장하도록
이끄는 기적

"창조적인 경험이 쌓이면서 뇌는 진화합니다.

이 과정에서 진정한 행복을 경험하게 되고, 내면은 더욱 단단해질 거예요."

세상이 정한 행복에서
나만의 행복으로

여러분은 언제 자신이 행복하다고 느끼나요? 단순하면서도 많은 생각을 하게 만드는 질문입니다. 어떤 아이들은 맛있는 음식을 먹을 때 가장 행복을 느낀다고 하고, 또 다른 아이들은 친구들과 재미난 이야기를 나누거나 좋아하는 아이돌의 콘서트에 갔을 때 행복하다고 해요. 아이들의 다양한 대답처럼 행복해지는 데 정해진 대답은 없습니다.

행복은 창의력과 가장 밀접하게 연결되어 있어요. 창의력이란 무엇인가를 스스로 만들어내는 능력을 말합니다. 다른 사람이 만든 것을 베끼는 것이 아닌, 자기 생각과 활동을 통해서 스스로 만들어내는 것을 의미합니다.

창의력의 바탕은 다양한 생각을 조합하는 능력에 있어요. 우리의 뇌는 생각을 조합할 때, 지능을 구성하고 있는 하위 요소들의 결합이 일어납니다. 이를테면 주의력, 공간지능, 수리지능, 판단 능력, 언어적 기억 능력, 비언어적 기억 능력 등 다양한 하위 영역을 넘나들면서 통합적인 개념, 원리 법칙을 만들어냅니다. 이 과정에서 놀라우리만큼 뇌 부위의 많은 부분이 활성화됩니다. 그래서 창의력을 발휘한다는 것은 뇌의 모든 부분이 활성화되어 특정 과제와 목표에 집중하는 과정을 의미합니다.

스트레스가 없으면 행복할까요? 행복에 대한 오해 중 하나는 스트레스가 없어야 행복해진다는 믿음에서 비롯됩니다. 이런 믿음은 행복이 아무것도 하지 않을 때, 나태하고 게으른 상태에서 얻어질 것이라는 착각 때문에 생깁니다.

하지만 그렇지 않아요. 인간의 행복은 생산적인 활동을 할 때 얻어집니다. 여기서 '생산적 활동'은 경제적인 수익과 관련한 활동만을 의미하는 것이 아니에요. 생산적 활동을 하는 과정 그 자체에서 이미 행복을 느끼게 되는 것이죠. 그리고 창조적이고 생산적인 활동을 하는 동안, 뇌에서는 도파민과 세로토닌 신경망이 활성화됩니다.

도파민은 한계를 뛰어넘는 새로운 아이디어를 만들어내어 흥분감을 줍니다. 세로토닌은 지나친 흥분을 조절하도록 도와주며 끈기 있게 집중하게 하고 불확실성을 견뎌내는 힘을 줍니다.

✦ 여러분을 행복하게 하는 것은 무엇인가요?
  여러분의 창의력을 쑥쑥 키워줄
  나만의 행복회로를 찾길 바랍니다.

한계를 뛰어넘는 창조의 힘은 상상력에서 나옵니다. 상상의 기쁨을 알아야 행복을 느낄 수 있어요. 더군다나 이러한 경험은 일회적이고 단편적인 것이 아니에요. 결코 한 번 왔다가 사라지는 것이 아닙니다. 고스란히 새로운 경험으로 뇌 안에 다시 각인되고 저장됩니다. 뇌 전체를 사용하는 창조적 생산 활동을 경험하게 되면, 뇌에 지워지지 않는 흔적을 새기게 됩니다. 창조적인 경험이 쌓이면 뇌는 진화하고, 이 과정에서 진정한 행복을 경험하게 됩니다. 그리고 행복한 경험은 다시금 더 많은 창의적 활동을 생산하기 쉬운 구조와 기능으로 우리 뇌를 바꿉니다. 이렇듯 창의력은 문제해결 능력을 향상시키고 어려움을 극복할 수 있는 탄력성을 높여줍니다. 이는 뇌를 더 나은 방향으로 성장하도록 이끌어준답니다.

행복과 창의력은 가장 밀접하게 연결되어 있어요. 새로운 것을 만들어내는 것만큼 재미있는 일은 없습니다. 그리고 재미있는 것만큼 행복하게 하는 것도 없지요. 뇌과학적으로도 증명된 사실입니다. 창의력을 발휘하기 위한 뇌의 영역과 행복을 느끼는 뇌의 영역이 유사하며, 창의력을 발휘하기 위해 이용되는 신경전달물질이 행복의 감정을 느끼도록 도와주는 물질과 거의 유사하다고 하니까요. 이제 여러분을 재미나게 하는 일을 찾아 볼까요?

창의력을 발휘하기 위한 3가지 조건을 소개할게요.

① 생각의 주제가 필요해요. 생각의 주제 속에는 목표와 의미가 있어야 합니다.

② 동기가 필요합니다. 실천적 행동을 통해 얻을 수 있는 것이 있어야 동기가 발휘될 수 있어요.

③ 재미있어야 해요. 억지로 머리를 짜내는 것이 아니라, 생각하면서 즐길 수 있어야 합니다.

상상력의 날개를 달 때, 성장 가속화의 기적

창의력은 어떻게 키워야 할까요? 그 방법을 알기 위해서는 창의력이 발휘되는 최적의 뇌 조건을 알 필요가 있답니다. 뇌는 어떤 상태일 때 창의력을 발휘할 수 있을까요?

누구에게나 어떤 문제를 해결하기 위해 골똘히 고민해 본 경험이 한두 번쯤은 있을 것입니다. 그때 고민의 해결책을 언제 발견했나요? 그 아이디어가 어떻게 떠올랐나요? 책상 앞에 앉아 고민을 반복하면서 괴로워할 때였나요?

대부분 아닐 것 같습니다. 오히려 볼일을 보기 위해 화장실에 앉아 있을 때, 목욕탕에서 샤워를 할 때처럼 문제에서 벗어나 멍하니 쉬고 있을 때가 대부분일 거예요. 이들의 공통점을 살펴보면, 긴장한 상태에서 뇌를 쥐어짜듯이 혹사할 때 얻어지는 것이 아닙니다. 오히려 긴장이 좀 느슨하게 풀린 상태에서 아이디어가 번뜩하고 떠올라, 문제해결의 단서를 얻게 될 때가 많습니다.

문제해결의 열쇠는 일정한 패턴이 반복되는 상태에서 벗어날 때 나타납니다. 책상 앞에 앉아 고민하는 것은 뇌의 입장에서 보면, 특정한 뇌 신경망을 계속 사용하면서 그 신경회로의 패턴이 반복해서 나타나고 있는 상태예요. 풀리지 않는 순환 고리를 계속 따라가고만 있는 것이죠.

하지만 샤워를 하거나 휴식할 때의 순간은 어떤가요? 그때가 바로 우리가 특정한 생각의 회로에서 벗어나서 다양한 사고의 신경망들이 자연적으로 활성화되는 때예요. 이때 떠오르는 생각은 기존의 신경망이 아닌 새로운 신경망이 활성화되는 순간의 결과라고 보면 됩니다. 그러니까 문제의 답을 찾기 위해 뇌 속에 있는 다양한 정보창고에서 특정 영역의 정보만 찾다가, 우연히 다른 영역의 정보 창고에서 그토록 찾던 해결책을 찾는 순간이라고 할 수 있습니다.

고정된 틀에서 벗어나 한 생각이 다른 생각의 체계와 새롭게 만나는 지점, 바로 거기에서 창의력의 샘물이 솟아납니다. 이때 나오는 창의적인 생각은 직관적 사고에서 비롯됩니다. 생각의 연쇄반응을 통한 합리적 과정에서 나오는 것이 아니라 특별한 통찰 과정을 통해 나타나는 것이죠. 이처럼 창조적 사고는 다양한 생각의 흐름에서 나오기 쉽습니다. 여러 방향의 생각들이 만나는 특별한 지점이 바로 창조적 사고가 시작되는 곳이에요.

✦ 휴식은 불쑥 창의적인 아이디어를 떠올리게 합니다.
   사과나무 아래에서 멍하니 쉬면서
   떨어지는 사과를 바라보다가
   '만유인력의 법칙'의 첫 단서를 떠올렸던
   물리학자 뉴턴처럼 말이죠.

혹시 '멍 때리기 대회'를 아시나요? 경기의 규칙은 아무 생각 없이 멍하게 있는 것! 규칙이라고 하기에는 단순명료하지만 어쩐지 조금 이상해 보이죠? 그런데 이 대회가 인기를 끌면서 유명해지고 있습니다.

과거에는 멍 때린다고 하면 해야 할 일에 마음을 쓰지 않고 정신을 딴 데 둔다는 '한눈을 판다'의 의미로 부정적인 뉘앙스였지만, 요즘은 멍을 잘 때리면 대회에서 우승도 하고 뉴스에도 나오는 시대입니다. 그만큼 우리 사회가 바쁘고 정신없고 분주한 현대사회가 되어버렸기 때문이겠죠. 복잡다단한 사회에 살아가기 위해서는 가끔은 멍을 때리는 순간이 필요합니다. 몸에도 휴식이 필요한 것처럼 우리 뇌에도 휴식이 필요하니까요. 뇌는 무엇인가를 생각하거나 발견하기 위해 억지로 쥐어짜기보다는 아무런 목적 없이 자유롭게 쉬도록 내버려 둘 때 더 활발히 움직입니다.

멍 때리기는 상상력을 발휘할 수 있는 시간을 만들어 줍니다. 우리의 상상력은 무한해요. 끝없는 상상을 통해 머릿속에서 즐거운 놀이를 만들어 나갈 수 있어요. 미래를 설계하기도 하고, 현실의 어려움을 극복해 나가기도 합니다.

무엇보다 상상력은 창의력에 날개를 달아줍니다. 과거에는 들고 다니는 전화기를 상상했지만, 몇 십 년 후 그것은 현실이 되어 오늘날 많은 사람들이 휴대폰을 사용하고 있어요. 그러니까 우리가 쓰고 있는 휴대폰은 오래전부터 꿈꿔온 상상력과 창의력의 결과입니다. 지금은 너무나 자연스러운 일이지만 과거에는 전화기를 호주머니에 넣고 다니는 일을 상상했다니, 놀랍지 않나요?

여러분의 머릿속에 있는 아이디어도 언젠가 현실이 될 수 있습니다. 여러분의 꿈이 날갯짓을 할 수 있도록 잠자고 있는 상상력을 깨워 보세요.

잠든 두뇌를 깨우고
마음 근력을 키우는 독서

학교에서 돌아오면 바로 컴퓨터 앞에 앉아 게임을 시작하거나, 휴대폰을 손에서 놓지 못하고 있나요? 물론 게임이 주는 즐거움과 자극이 있긴 하지만, 그 이면에 놓인 여러 위험들도 무시할 수 없습니다. 점점 더 게임에 몰입하면서 현실에서의 학업, 친구들과의 관계, 심지어는 자기 자신과의 소통까지 소홀해지는 경우가 많습니다. 게임은 빠르고 즉각적인 보상을 주기 때문에 매력적인 대상이지만, 깊이 있는 사고와 느리지만 꾸준한 마음성장을 방해할 수 있어요.

게임 대신 몰입할 수 있는 다른 대상은 없을까요? 저는 그 대안으로 '책 읽기'를 권하고 싶습니다. 모두가 잘 알고 있지만 실천하기 힘든 활동 중에 하나가 '독서'입니다. 책 읽기는 단순히 지식을 쌓는 활동이 아니에요. 책을 통해 상상력을 키우고, 새로운 세계를 경험하며, 깊이 있는 사고를 배울 수 있습니다.

책 속에서 가보지 못한 곳을 여행하고, 만나보지 못한 사람들과 소통하면서 느끼는 경험들은 단순히 화면 속 가상의 세계에서 느끼는 것과는 차원이 다릅니다. 책이 주는 영향은 무한합니다. 한 대형서점의 오랜 표어인 '사람이 책을 만들고, 책이 사람을 만든다'는 말은 조금도 틀린 것이 아니지요.

책을 읽을 때, 우리 뇌는 전전두엽이라는 중요한 부분을 많이 사용하게 됩니다. 전전두엽은 창의력과 상상력을 담당하는 뇌의 중심으로, 책을 통해 전전두엽이 자극을 받으면 그 부분이 활발하게 작동하게 되지요. 즉, 책을 읽게 되면 전전두엽을 많이 사용하게 되어 상상력이 길러짐니다.

　책과 달리 게임은 주로 즉각적인 반응과 보상에만 집중하게 만들어서, 뇌가 깊이 사고하는 기회를 잃게 만듭니다. 물론 처음부터 책 읽는 즐거움을 느끼기는 어려울 수 있어요. 게임은 눈앞에서 즉각적인 자극을 주지만, 책은 조금 더 느리고 깊은 방식으로 다가오거든요. 그런데 바로 그 느림 속에서 진정한 성장이 이루어집니다. 책 속에서 한 문장을 읽고, 그 문장을 머릿속으로 상상하며 그림을 그려가는 과정은 뇌를 단단하게 만드는 소중한 시간입니다.

✦　책 읽기는 두뇌 발달에 큰 자극을 줍니다.
　　글을 읽으면 상상력이 자극되고,
　　뇌는 새로운 해결책을 찾게 됩니다.

　책 속에서 새로운 세계를 상상하는 과정은 그 자체로 두뇌 발달에 큰 도움이 됩니다. 게임은 눈앞에 주어진 것만을 따라가게 만들지만, 책은 무한한 상상력을 통해 스스로 이야기를 만들고, 문제를 해결할 수 있도록 돕지요. 이 과정에서 얻는 성취감은 더 큰 자신감을 심어줄 수 있습니다.

그렇다면 어떻게 청소년들이 게임 대신 책을 선택하게 할 수 있을까요? 저는 부모님의 역할이 아주 중요하다고 말씀드리고 싶습니다. 책 읽기는 단순히 강요한다고 해서 아이들이 스스로 좋아할 수 없어요.

부모님이 먼저 책을 읽는 모습을 보여주고, 그 속에서 느낀 감정을 함께 나누는 것이 중요한 출발점이 될 수 있습니다. 이를테면 식사 시간에 가족이 함께 책에서 읽은 내용을 이야기해 보세요. 책 속의 주인공이나 사건에 대해 이야기를 나누고, 그 인물의 선택에 대해 함께 토론해 보는 겁니다. 이런 작은 대화들이 쌓이면, 아이는 점차 책 속에 숨겨진 더 큰 세계를 발견하게 될 거예요.

중요한 것은 책 읽기 자체를 재미있는 경험으로 만들어 주는 것입니다. 책을 읽고 난 후 독후감을 쓰라고 강요하는 것은 오히려 역효과를 낼 수 있습니다. 제가 그랬거든요. 처음엔 저희 아이에게 독후감을 쓰게 하려고 달콤한 미끼를 던졌습니다. "이 책 읽으면 30분 동안 게임해도 돼." 하지만 그런 식으로 책을 읽는 건 빨리 해치워야 할 숙제가 될 뿐이었죠. 아이가 책을 좋아하게 되는 게 아니라, 책 읽는 행위 자체를 고역으로 여기기 시작했지요.

그래서 저는 방식을 바꿨습니다. 더 이상 독후감을 강요하지 않았고, 그 대신 아이가 스스로 읽고 싶은 책을 선택할 수 있도록 도서관에 데리고 갔어요. 아이가 읽은 책에 대해 이야기할 때마다 진심으로 경청했습니다. 그 결과 아이는 점차 책 읽는 즐거움을 스스로 찾게 되었습니다. 그리고 그 속에서 느낀 감정들을 자연스럽게 나누기 시작했습니다.

책 읽는 습관을 들이려면 '심심하게 하는 것'도 중요합니다. 요즘 10대 아이들은 너무 많은 자극에 노출되어 있어요. 항상 뭔가를 하거나, 어딘가에 가야만 하는 상황이 많다 보니, 생각할 시간이 부족해지죠. 하지만 책 읽기는 아이들에게 '느린 자극'을 제공합니다. 심심할 때, 아이는 그동안 무심코 지나쳤던 책에서 새로운 재미를 발견할 수 있어요. 심심함 속에서 자신의 속도에 맞춰 세상을 탐험하게 됩니다.

책 속에서 자라난 상상력은 그 어떤 자극보다 오래가고 깊은 힘을 줍니다. 책은 10대들이 두뇌를 더 넓게 사용하게 만들어 줍니다. 상상력을 키우고, 창의적으로 생각하는 훈련을 하게 하죠. 이제 책 속에서 더 넓은 세상을 만날 준비를 해보세요.

서울대학교는 입학 단계에서부터 독서 활동을 강조합니다. 책을 읽으며 스스로 생각하는 힘을 기르고, 글쓰기 능력과 의사소통 능력을 비롯하여 다양한 교양 지식을 쌓는 단계가 중요하다고 생각하는 것이지요.

서울대 입학본부는 '아로리'라는 웹진을 통해 매년 서울대 신입생들의 서재를 공개하는데요. 그럼 2024년 서울대 신입생들은 어떤 책을 읽었는지 살펴볼까요?

① **사람, 장소, 환대** | 김현경 | 문학과지성사
② **죽인 시인의 사회** | N.H.클라인바움 저, 한은주 역 | 서교출판사
③ **채식주의자** | 한강 | 창비
④ **비통한 자들을 위한 정치학** | 파커 J. 파머 저, 김찬호 역 | 글항아리
⑤ **필경사 바틀비** | 허먼 멜빌 저, 한기욱 역 | 창비
⑥ **평균의 종말** | 토드 로즈 저, 정미나 역 | 21세기북스
⑦ **정의란 무엇인가** | 마이클 샌델 저, 김명철 역 | 와이즈베리

잃어버린
내적 동기를 찾습니다

제 딸이 중학생 시절에 40시간 단식을 한 적이 있어요. 지금도 그렇지만 먹을 것을 참 좋아하는 친구랍니다. 그런데 왜 갑자기 단식을 하겠다고 선언했냐고요?

맛있는 음식 앞에서 표정부터 달라지는 아이가 이런 결심을 한 것은 아프리카 아이들이 먹을 것이 없어 굶어 죽는다는 이야기를 듣고, 그 아이들을 돕기 위한 기금 모금에 참여하겠다는 마음을 먹은 후였습니다. 이것이 제 딸의 내적 동기였고, 이는 결단으로 이어져 자기 조절로 표현되었어요.

당시 이 친구는 40시간 동안 물만 마시고, 침묵을 지키고, 휴대전화와 컴퓨터 등 현대적 기기를 사용하지 않고, 편안한 의자에 앉지도 않았어요. 아프리카 아이들의 힘든 생활을 자신도 경험하기 위해서였습니다. 처음에는 아침을 거르는 딸을 보며 걱정이 되었지만 가족 모두 같이 참여하고 싶은 생각에 온 가족이 저녁을 함께 굶었어요. 그렇게 좋아하는 음식을 40시간 동안 먹지 않았음에도 괴로워하기보다 행복해하는 아이를 보면서 내적 동기의 힘을 다시 깨닫게 되었지요.

자기 조절력을 키우는 가장 확실한 방법은 무엇보다 내적 동기, 즉 자발적으로 자신이 할 일을 결정하고 실천하는 마음을 갖도록 하는 것입니다.

자기 조절을 잘하며 만족 지연 능력이 높은 10대 아이들의 공통점을 살펴봤더니 모두 내적 동기가 뚜렷했어요. 자기 조절이 어려운 이유는 원하는 것을 참아야 하거나 힘든 일을 참고 해야 하기 때문이죠. 하지만 해야 하는 이유, 내적 동기가 있으면 조금 힘들고 괴롭더라도 그 일을 자발적으로 하게 됩니다.

✦ 즐거운 기억이 내 안에 쌓이면
    내적 동기가 저절로 생길 거예요.
    작은 성공부터 하나씩 경험해 봅시다.

  내적 동기를 키우는 일은 쉽지 않아요. 일단 목표를 작게 세우는 게 중요합니다. 해낼 수 있을 정도의 작은 목표를 세우고 성취감을 느껴보는 것으로 말이죠.

  줄넘기를 처음 접했을 때를 떠올려 볼까요? 한 번만 넘어보고 싶어 시작했던 것이 자꾸 연습을 하고 또 줄에 수십 번씩 넘어지다 보면, 어느 순간 다섯 번 이상을 뛰어넘게 됩니다. 작은 목표를 이루어내면 조금씩 더 높은 목표를 정하게 되죠. 그렇게 다시 연습을 하면, 다음 단계를 해낼 수 있다는 자신감과 의욕을 느낄 수 있습니다.

  이러한 일이 반복되면 힘든 것을 참고 해낸 뒤의 기쁨과 성취감을 맛볼 수 있어요. 다른 일을 할 때도 이 상황을 떠올리며 '해낼 수 있다'는 자신감도 갖게 되고요. 성공의 경험이 쌓이면 처음에는 안 되더라도, 포기하지 않고 다시 해보는 끈기 있는 사람으로 성장할 수 있습니다.

공감을 통해
인간의 세계는 넓어진다

우현이는 요새 걱정이 많다고 해요. 가장 친한 친구인 지수랑 사이가 틀어졌거든요. 우현이는 도대체 무엇 때문에 지수가 자신을 피하는지 이해할 수 없다고 해요. 지수에게 어떻게 말을 건네야 할지도 모르겠고, 불편해지는 것 같아 속상하다고 말이죠.

행복은 관계를 통해서 싹틉니다. 인간의 뇌는 진화하면서 대인관계 기능에 대한 부분 역시 놀라우리 만큼 발달해 왔어요. 인간은 다른 어떤 동물에 비해 복잡한 관계 기능을 잘 처리할 수 있도록 진화한 것이죠. 그중 하나가 공감 능력입니다. 공감은 의미 있는 관계의 기초가 됩니다. 친구를 잘 사귀고 그 관계를 오랫동안 유지하는 친구들의 공통점을 살펴보세요. 모두 상대방의 말을 잘 들어주는 공감의 귀를 가진 친구들일 거예요.

아마도 우현이는 지수의 입장이 먼저 되어 보면 좋을 것 같아요. 지수의 입장에서 왜 기분이 안 좋을지 생각해 보는 것이죠. 그래도 답을 찾을 수 없다면, 그냥 지수에게 이야기해 보세요. "요즘 너랑 같이 있는 게 불편해져서 속상해. 그런데 예전처럼 다시 잘 지내고 싶어. 어떻게 해야 할지 모르겠어" 하고 솔직하게 말이에요.

다른 사람의 감정을 내 감정처럼 느끼고, 그가 처해 있는 상황을 이해하고, 현 상황에서 그 사람이 필요로 하는 것을 아는 능력이 공감 능력이에요. 이 공감 능력은 공감 회로라고 하는 세 가지 종류의 신경회로를 통해서 드러납니다.

첫 번째는 다른 사람의 행동을 모방하는 회로입니다. 이 회로는 우리가 다른 사람의 움직임을 잘 관찰하기만 해도 실제 내가 몸을 움직이는 것과 같은 느낌을 갖게 합니다. 타인의 행동 경험을 그대로 느끼고 따라 하게 하는 회로로, 거울신경회로라고도 해요.

두 번째는 감정에 반응하는 회로예요. 이 회로는 다른 사람들이 비슷한 감정을 경험하는 것을 지켜보는 것만으로도 활성화됩니다. 타인의 감정을 공감하는 정도가 높을수록, 그리고 그 감정을 자각할수록 더 강하게 반응해요.

세 번째는 타인의 생각을 이해하는 회로예요. 이 회로는 다른 사람의 의도와 생각을 이해하는 '마음 이론'과 연관되어 있어요. 특히 이것이 완성되는 시기는 놀랍게도 20대 초반이라고 해요. 10대 아이들이 공감 능력을 향상할 시간은 아직 충분하답니다.

✦ 공감의 크기가 커질수록
  세상을 더 크고 깊게 파악할 수 있어요.

오래전부터 내려오는 북미 인디언의 이야기를 들려줄게요. 한 노인이 있었어요. 그는 행복한 삶을 살았을 뿐만 아니라 매우 현명하고 똑똑해서 부족민들로부터 마음에서 우러나오는 존경을 한 몸에 받는 사람이었지요. 많은 사람들이 그에게 와서 어떻게 하면 그렇게 살 수 있는지를 물어보았답니다. 그러자 노인은 말했어요.

"내 마음속에는 다루기 힘든 맹수들이 살고 있습니다. 그것들을 나는 사랑으로 길들이고 있어요. 내가 매일 사랑으로 길들이지 않았다면 모든 게 달라졌겠죠."

공감과 사랑은 서로 통해요. 사랑은 공감을 통해 이루어집니다. 맹수들에게 먹이(사랑)를 끊임없이 주면서 길들이는 방법은 공감이에요. 공감이 사라지면 미움이 시작되지요. 사랑이 미움으로 변하고 맙니다. 그렇다면 우리는 행복을 위해 마음속에 살고 있는 맹수를 어떻게 길들여야 할까요?

포유류는 진화를 거듭하면서 다른 동물에 비해 사랑과 공감의 능력을 월등하게 키웠습니다. 먹이를 주고 돌보는 능력은 계속 진화해서 먹이를 나누는 법, 가족을 돌보는 법으로 발달해 신경회로가 형성되었고요. 유인원류의 조상이 등장하면서 사회를 이루는 능력을 갖추게 되었습니다. 진화 과정에서 사회성이 중요해진 것은 그만큼 척박한 환경 속에서 협동 작업과 좋은 팀워크가 생존에 훨씬 유리했기 때문이에요.

이처럼 인간을 다른 동물과 달리 사회적 존재로 기능할 수 있게 해주는 회로가 공감회로입니다. 공감이 없는 사회는 개미나 꿀벌의 사회처럼 개인이 외로운 벌레로 존재하는 사회에 불과합니다. 하지만 공감회로가 작용하기에 인간은 따뜻한 가정을 꾸려 개인과 사회가 함께 발전해 나갈 수 있습니다.

여러분의 공감회로는 어떻게 작동하고 있나요? 자신을 제대로 돌보고 타인을 깊게 바라볼 수 있는 방향으로 나아가길 바랍니다.

선택과 집중으로
강해지는 내면의 힘

우리는 매일 수많은 선택을 합니다. 작은 것부터 큰 결정까지, 우리의 삶은 매순간 선택의 연속이라고 할 수 있습니다. 선택은 우리에게 책임을 요구하고, 그 책임을 통해 우리는 더 성숙해집니다. 그리고 선택의 결과가 어떠하든, 그 과정은 우리를 더 나은 사람으로 성장시켜줍니다.

중요한 것은 스스로 선택하고 그 선택에 책임을 지는 과정이야말로 진정한 성장을 가능하게 한다는 것입니다. 내가 어떤 선택을 했는지, 왜 그 선택을 했는지를 고민하는 것이 자아정체성을 형성하는 중요한 과정이기 때문이죠. 특히 청소년 시기에 이러한 경험은 더욱 중요합니다. 이 시기에 아이들은 자신의 정체성을 찾아가는 중이고, 그 과정에서 무엇을 선택할지 결정하는 것이 자신을 표현하는 중요한 방법이 되니까요.

✦   자아를 찾는 첫걸음은
    스스로 선택하는 것에서 시작됩니다.
    선택하고 책임지는 과정을 통해
    자신의 의지력을 만들 수 있습니다.

무엇보다 성장하면서 다양한 선택을 할 기회가 주어져야 합니다. 누군가가 너무 완벽한 답을 미리 알려주기보다는, 스스로 답을 찾아가는 시간을 존중해주는 것이 중요해요. 선택이 옳든 그르든, 그 경험을 통해 자신만의 방식으로 성장할 수 있거든요.

선택에는 언제나 책임이 따릅니다. 때로는 그 책임이 무겁고, 감당하기 어려운 순간도 있을 거예요. 하지만 그 책임을 온전히 받아들이는 것이 곧 성숙해지는 과정입니다. 이 과정에서 중요한 것은 실패에 대한 두려움을 없애는 거예요. 실패를 피하려고 선택을 미루거나, 누군가 대신해 주길 바라는 태도는 자기주도성을 기르는 데 방해가 됩니다. 어떤 선택이든 결과를 받아들이는 법을 배우는 것이 중요해요. 결과가 기대에 미치지 못하더라도, 그 경험이 실패로만 남지 않도록 해야 합니다. 오히려 그 실패에서 무엇을 배울 수 있을지 고민하는 것이 더 큰 성장의 기회가 됩니다.

책임지는 법을 배우는 과정은 한 사람이 자립적으로 성장하는 데 중요한 역할을 합니다. 그러한 의미에서 부모님은 아이들 스스로가 이러한 경험을 충분히 할 수 있도록 도와야 합니다. 자기주도성을 기르기 위해서는 스스로 선택하고 그 선택을 온전히 책임질 수 있어야 해요. 이 과정에서 우리는 자신을 더 깊이 이해하게 되고, 더 나은 방향으로 나아가게 됩니다.

부모님은 아이들이 선택한 결과가 마음에 들지 않더라

도, 그 결과를 스스로 해결해 나갈 수 있도록 지켜봐 주는 것이 중요해요. 이렇게 쌓인 경험들이 아이에게 큰 자신감을 줄 테니까요. 특히 "넌 네 선택에 책임을 져야 해"라는 말로 압박하기보다는, "넌 스스로 선택할 수 있는 힘이 있어"라는 신뢰와 격려를 보여주는 것이 좋겠습니다.

✦ 선택의 무게는 언제나 자신이 감당해야 합니다.
그 무게가 우리를 성장시킵니다.

자기주도성은 단순히 혼자서 모든 일을 해결하는 것이 아닙니다. 그것은 스스로 선택하고, 그 선택을 책임지며 '자신을 만들어가는 힘'이라고 볼 수 있어요. 이 과정에서 우리는 내가 누구인지, 무엇을 좋아하고, 어디로 가고 싶은지를 선택을 통해 조금씩 알아가게 되는 것이죠. 중요한 것은 우리가 선택하는 과정에서 배우는 것들이고, 그 과정에서 더 나은 사람이 되어 간다는 것입니다. 결국 선택은 우리 자신을 찾아가는 여정입니다.

청소년 시기에 아이들은 수많은 선택의 갈림길에 서고,

그 선택들이 자신의 미래를 결정 짓는다는 생각에 부담을 느낄 수도 있습니다. 그러나 이 부담은 성장의 자연스러운 과정이니, 너무 겁먹지 않아도 괜찮습니다. 선택은 언제나 두렵지만, 그 선택을 통해 더 큰 자신감과 자아정체성을 찾게 될 것이니까요.

감정을
표현하는 시간

감정은 공부와 학습에 많은 영향을 미칩니다. 감정은 학습과 기억, 창의성에 에너지를 제공하는 역할을 하기 때문이죠. 재미와 기쁨 같은 긍정적인 감정은 에너지를 공급합니다. 공부할 때 집중력을 높이고 기억력, 창의력을 활성화합니다.

반대로 우울, 불안 같은 부정적인 감정은 공부에 필요한 정신적 에너지를 빼앗고 지치게 만듭니다. 몰입해야 할 대상에 집중할 수 없게 만들어요.

어떤 감정을 주의해야 하나요?

공부를 가장 방해하는 감정은 '분노'와 '불안'입니다. 여러분의 부모님께서 공부를 잘하는 친구와 비교하는 이야기를 한다면 자존감을 상하게 하지 않았으면 좋겠다고 솔직하게 이야기해 보세요. '불안' 역시 마찬가지입니다. 위협적이고 불안을 자극하는 말들은 불안과 분노를 유발하여 학습에 대한 동기와 집중력을 떨어뜨립니다.

감정을 통해 학습 효과를 높일 수 있나요?

가장 도움이 되는 감정은 공부하기 전에는 공부할 내용에 호기심과 궁금증을 갖는 것이에요. 그리고 무엇보다 공부를 마친 뒤에는 뿌듯한 성취감을 느끼는 것이지요. '그냥 한다'가 아니라 '호기심'을 갖고, 스스로 질문을 하면서 게임의 퀘스트를 하나하나 통과하듯이 이뤄내는 것입니다.

그렇다면 성취감과 만족감의 경험을 차곡차곡 쌓으며 기쁨을 느낄 수 있어요.

Q 세 번째 질문
친구와 함께 하는 활동은 학습에 어떤 영향을 주나요?

친구 사이에서 느끼는 감정 역시 중요해요. 당연히 평소 친구관계가 좋으면 좋겠지요. 특히 친구와의 활동이 학습과 연결되는 것이라면 좋습니다. 친구들과 함께 팀을 이뤄 특정 주제에 관해 탐구하고 이야기를 나누어 보세요. 서로 다른 의견을 이해하고 존중하는 마음을 갖는다면 친구와의 관계도, 학습 성과를 높이는 데에도 좋은 영향을 줄 거예요.

성적 향상의 열쇠,
주의력

흔히 '엉덩이 힘'이라고 하는 주의력은 작업 기억과 함께 공부와 관련해 가장 중요하다고 손꼽히는 뇌 기능이에요. 일반적으로 주의력을 이야기할 때는 특정한 과제에 오래 집중할 수 있는 능력만을 생각하지만, 사실은 집중력의 적절한 분배, 학습 정보의 통합, 불필요한 자극 조절 등을 종합적으로 지칭합니다.

Q 첫 번째 질문

주의력은 공부에 왜 중요한가요?

공부 잘하는 친구들의 가장 큰 특징은 무엇일까요? 이해와 숙달의 반복입니다. 정확히 개념을 이해하고 이를 활용하여 문제 풀이에 숙달되도록 훈련하는 것이지요. 그런데 이해와 숙달의 과정을 반복하는 것은 정말 지루한 일이에요. 이 지루함을 극복하고, 반복을 가능하게 하는 것이 주의력입니다.

하지만 오래 앉아 있다고 공부가 저절로 되는 것은 아니에요. 읽기와 쓰기, 연산 등 기초 학습 기술을 익히기 위해서는 이해와 반복을 통한 정신적 훈련이 핵심입니다. 이 과정에서 주의력이 중요한 것이죠.

Q 두 번째 질문

주의력이 부족하면 어떤 문제가 발생할까요?

창의력이 뛰어나거나 정보처리 속도가 빠르다 해도 주의력이 부족하면 숙달할 수 없어요. 집중할 대상 자체를 지루해할 수 밖에 없습니다. 새로운 자극을 찾게 되고 이것저것 다양한 것을 익힐지는 몰라도 제대로 하는 것은 없게 되지요. 학습 과정에서도 개념에 대한 이해가 완벽하지 않기 때문에 혼란스러워하고, 출제자의 함정에 빠지기 쉽습니다.

Q 세 번째 질문

주의력을 향상할 수 있는 방법은 무엇이 있나요?

여러 가지 일을 하는 것을 피하고, 한 번에 한 가지 일을 해보세요. 스스로 특정 분야에 관심을 두고 반복하고 숙달하는 과정에서 흥미를 점점 넓게 확장할 수 있을 거예요. 그러면 성취감을 느낄 수 있게 되지요. 뿌듯하고 만족스러운 좋은 기분은 여러분들의 뇌에 좋은 기억으로 저장될 거랍니다.

또 하나 지루하다고 느끼는 일을 시작할 때 종료 시간을 미리 정하는 것도 추천합니다. 참는 능력이 점점 늘어나면서 스스로 조절할 수 있게 될 거예요.

주의력은 본인 스스로의 의지와 동기가 있을 때 극대화되고 제대로 발휘된다는 것임을 꼭 잊지 마세요!

3부 | 기적의 내면 훈련 ②   163

나무가 아닌
숲을 보는 방법

실행 기능은 한 인간이 목표를 향해 나아가는 데 필요한 능력을 말하며, 여러 기능이 종합적으로 작동할 때 발휘되는 것이에요. 예를 들면 공부를 시작할 때 학습 계획 세우기, 우선순위 설정, 시간 관리, 학습 내용 정리 및 조직화, 내용 분석 등의 종합적인 활동이 필요한데, 이를 이루어지게 하는 것이 바로 실행 기능인 것이지요.

실행 기능은 나무 하나하나를 보는 것이 아닌, 장기적인 안목으로 숲을 보고 큰 그림을 그리는 일입니다. 실천을 위한 방향성을 유지하면서 과제를 통해 나중에 큰 성취를 얻는 능력이라고 할 수 있어요.

Q 첫 번째 질문
실행 기능이 공부에 큰 영향을 미치나요?

공부를 잘하는 친구들의 특징은 무엇일까요? 대개 시험 성적이 좋은 아이들은 중간고사나 기말고사 같은 시험을 앞두고, 시험 범위와 양을 보고 공부 일정을 짭니다.

이때 자기 이해가 중요해요. 자신이 잘하는 과목과 잘 못하는 과목을 나누어 학습의 양과 우선순위를 정하는 것이지요. 그런 다음 구체적인 계획을 짜고, 놀고 싶은 충동을 억제합니다. 좋은 성적이 가져올 긍정적인 미래를 그리면서 부족한 부분을 보완하고 필요한 도움을 받아야 해요.

이 모든 과정들이 바로 모두 실행 기능에서 온 것입니다. 실행 기능을 잘 발휘하면 장기적으로 높은 목표를 이룰 가능성이 높아집니다.

실행 기능 능력은 언제 키워지나요?

실행 기능을 발휘하는 데 가장 중요한 역할을 하는 부분
은 어디일까요? 바로 뇌의 구성요소인 전두엽과 관련된
신경망이에요. 전두엽 중에서도 가장 넓은 부위를 차지하
는 전전두엽과 그 관련 회로라고 할 수 있어요.

전전두엽의 발달은 다른 뇌 부위에 비해서 천천히 이루
어져요. 청소년기에 들어서야 본격적으로 가지치기가 시
작되면서 회로를 다듬는 작업을 약 20년 가까이 섬세하
게 진행합니다. 그리고 30대 초반까지 가지치기와 구조
적·기능적 변화를 지속합니다. 그 이유는 실행 기능을 최
적화하기 위해서이지요.

실행 기능 발달에 환경이 중요하나요?

실행 기능의 최종 수준은 사람마다 차이가 있어요. 지속

적이고 고도의 정신 기능 훈련을 많이 받은 사람이라면 다양한 경험들 속에서 실행 기능의 여러 요소를 많이 활용하게 됩니다. 그 덕분에 매우 높은 수준의 실행 기능을 갖게 되는 것이죠.

무엇보다 우리 뇌의 목표는 각 개인의 삶에 최적으로 적응할 수 있게 하는 것이므로 실행 기능의 발달 정도는 한 사람이 어떤 삶을 살고 있느냐에 따라 결정된다고 볼 수 있습니다.

(4부)

관계 훈련

관계 속에서
진정한 내 자신을
찾는 법

"자신이 가치 있는 것처럼 타인 또한 그런 존재라고 생각하는 것,
타인의 감정에 공감하는 것이 바람직한 관계의 핵심입니다."

어제의 적과
오늘의 친구로 만나다

중학교 2학년인 승우는 얼마 전부터 같은 반 친구인 세호를 신경쓰기 시작했어요. 1학년 때만 해도 세호가 무엇을 입든지 간에 관심을 두지 않았는데, 요새 들어 세호가 갖고 있는 물건이라면 모두 사용해 보고 싶은 생각이 들었어요. 특히 세호가 작년에 비해 키가 10센티미터 가량 쑥 자란 게 승우에게는 스트레스를 많이 줍니다.

승우는 세호처럼 키가 커졌으면 하고 잠도 많이 자고, 키가 커지는 음식을 검색하며 엄마에게 사달라고 조르고 있어요. 승우의 요즘 관심사는 세호보다 키가 더 커져서 멋진 옷을 입는 것입니다.

승우처럼 신경 쓰이는 친구가 있나요? 그 친구가 하는 것이라면 뭐든지 하고 싶고, 가능하다면 그 친구보다 한 걸음씩 더 앞서고 싶나요?

친구는 자기 자신을 바라보는 거울과도 같습니다. 청소년기에는 친구를 통해 자신의 모습을 보고, 친구를 통해 자신을 평가하며, 심지어 삶의 방향을 짓기도 해요. 그런데 이토록 중요한 친구관계를 망치는 가장 큰 걸림돌은 바로 '과도한 경쟁의식'입니다. 친구를 '함께 지내고 즐거움을 나누는 대상'으로 보기보다는 '어떻게든 이겨야 하는 경쟁 상대'로 보는 것이 친구와 좋은 관계를 형성하는 것을 방해합니다. 친구와의 우정을 망치게 되는 것이지요.

그렇다면 경쟁의식은 나쁜 것일까요? 꼭 그렇지는 않습니다. 문제는 '과도한' 경쟁의식입니다. 진화생물학적으로 말하면 경쟁은 우수한 유전자를 유지·발전시키기 위한 수단 중 하나예요. 하나의 난자를 놓고 경쟁하는 수억 개의 정자를 보듯, 몸 안에서도 우월한 유전자를 다음 세대에 전달하기 위한 경쟁이 일어납니다. 그리고 우리 뇌 안에서도 경쟁은 벌어져요. 10대에 전두엽에서 일어나는 시냅스(뇌세포인 뉴런과 뉴런 사이를 연결하는 통로)의 가지치기 현상도 효율적인 신경망을 구성하기 위해 경쟁에서 뒤떨어져 용도가 없는 회로들을 제거하는 작업으로 볼 수 있습니다.

미국의 생물학자 스티븐 제이 굴드Stephen Jay Gould는 '인간의 경쟁심은 성장하면서 배운 것이지 본래 경쟁심을 가지고 태어나는 것은 아니다'라고 주장했어요. 사회나 가정의 환경이 어떠한지가 한 인간을 경쟁적 또는 협동적인 모습으로 만들어간다는 의미입니다.

여유 있는 환경에서는 협동이 적응에 유리합니다. 서로 나누어 가질 수 있는 총량을 늘릴 수 있다면, 협동을 해서 크기를 더 키우는 편이 좋습니다. 그러나 어려운 환경에 처하면 협동보다는 경쟁을 택하는 경우가 많아요. 협동을 한다고 해도 총량을 늘릴 수 없다면, 당장 눈앞에 있는 것을 더 많이, 자신이 차지하는 것이 유일한 선택지처럼 보입니다. 이렇게 되면 그 사회는 불행하게도 경쟁이 우위를 점하게 되고 사람들은 분열되어 협동 능력을 잃어버리게 됩니다.

✦ 경쟁은 마냥 나쁜 것이 아니에요.
   지나치지 않는 게 중요합니다.

지금 우리가 살고 있는 세상은 경쟁을 통해 만들어지고 있어요. 경쟁을 통해 살아남을 수 있는 구조이기 때문에 더 강하게 경쟁을 요구하게 되고, 서로가 알게 모르게 서로를 의식하면서 살아가고 있습니다.

교실이라는 한 공간 안에서도 여러 명의 친구들이 1등이라는 타이틀을 얻기 위해 친구를 경쟁 상대로 보기도 합니다. 이 과정에서 자연히 자기보다 성적이 좋은 친구들, 잘생긴 친구들을 질투하고 미워하게 됩니다. 이러한 마음은 친구관계를 망가뜨립니다. 결국 경쟁의 건강한 역할이 사라지고 후유증만 남게 되는 것이죠.

지나친 경쟁과 경쟁심은 정신적인 위기를 불러옵니다. 경쟁을 즐기기는커녕 경쟁 자체에 자신의 인생이 걸려 있고, 한 번 실패하면 끝이라고 여긴다면 지나친 경쟁심이라고 할 수 있어요. 이는 자발적 의지를 꺾어버리고 많은 사람들을 불안하게 만듭니다. 승리하더라도 불안을 동반한 일시적인 안도만 느낄 뿐이에요.

하지만 인류가 존재하는 한 경쟁은 피할 수 없습니다. 경쟁을 즐길 줄 알되 경쟁심이 과해지지 않도록 해야 해요. 자연스럽게 일상의 한 부분으로 받아들이고 즐길 수 있다면 건강한 경쟁이라 할 수 있습니다. 더불어 경쟁은 공정한 규칙의 바탕 위에서 이루어질 때 행복한 경쟁이 될 수 있어요.

10대 아이들에게 이야기해 주고 싶은 것은 경쟁과 협동을 하나의 세트로 인식했으면 하는 거예요. 함께 공부하는 친구들도 나와 똑같이 더 잘하고자 하는 욕구가 있다는 사실을 잊지 말고, 다 같이 노력하면 혼자 노력할 때보다 더 큰 즐거움을 얻을 수 있다는 깨달음을 항상 기억해 두세요. '같이의 가치'가 '혼자의 가치'보다 더 멀리 갈 수 있음을 말이지요.

우정을 별자리 삼아
떠나는 인생이라는 여정

초등학교 저학년 때까지만 해도 아이들이 친했다 멀어졌다가를 반복하며 관계를 맺어 왔나요? 그런데 고학년이 되어서부터는 몇몇 친한 친구하고만 친밀한 관계를 형성하고 있지는 않은가요?

중학교 시기는 생활이 가족 중심에서 또래 중심으로 이동하는 때입니다. 이 시기 10대의 친구관계는 인생의 전부라고도 할 수 있어요. 부모님보다 친구들에게 더 의지하며, 친구들에게 상처를 받았을 때는 자신의 존재 자체가 의미 없다고 생각합니다. 고민이 있을 때 상담하는 사람으로 부모님보다는 친구를 꼽기도 하지요. 그만큼 '친구'라는 존재가 아이들의 인생에서 가장 크고 중요한 시기입니다.

친구들과의 관계는 매우 변화무쌍합니다. 이 시기는 좌충우돌하면서도 역동적으로 관계를 맺습니다. 어제까지만 해도 서로 안 볼 것 같은 두 친구가 오늘은 서로 없으면 영영 안 되는 아주 끈끈한 사이가 되기도 하지요.

그런데 중학교 때는 왕따를 비롯한 학교폭력이 가장 많이 발생하는 시기예요. 중학교 1학년생들은 초등학교 시절의 모습이 남아 있어 아직은 어리기도 하고, 중학교 생활에 적응하느라 바쁩니다. 그러다 2학년이 되면서 서서히 자신을 드러내고 싶다는 욕망이 커지면서 싸움을 시작합니다. 자기들끼리 서로 붙어보고, 패를 갈라보기도 하면서 서열을 정리합니다. 힘과 권력을 가진 친구들이 생기게 되는 것이죠. 따돌림과 학교폭력이 발생할 수밖에 없습니다. 이런 문제는 고입 준비가 시작되는 3학년이 되면서 조금 줄어드는 경향이 있어요.

✦　인생은 좋은 친구를 찾아가는 여정이에요.
　　좋은 친구를 만나고 싶다면,
　　먼저 상대방을 존중하고 공감할 수 있어야 해요.

　친구관계가 인생의 전부인 10대 세계에서는 친구들 간의 서열, 밀고 당기기, 시기와 질투 등이 나타나기 마련입니다. 부모님은 친구들과의 사이에서 우정, 사랑과 같은 좋은 가치를 배우기를 기대하지만, 실제로 10대 또래집단에서는 바로 그 우정과 사랑을 얻기 위한 갈등과 마찰이 더 많이 발생합니다. 사소한 일로 토라져 갈등하고, 오해임이 밝혀져 화해하고, 그러다 또 싸우고 힘들어하다 친구의 진심을 알게 되는 상황이 반복되는 것이지요.

　친구 간의 갈등이 잘 극복될수록 10대 아이들은 서로 공감하게 되고 진정한 우정과 사랑의 의미를 배우게 됩니다. 하지만 우정과 사랑을 얻기 위한 행동이 왜곡될 때 문제가 발생합니다. 친구들 사이에서 주목받고 싶은 아이들은 소위 말하는 '짱'이 되고자 하고, '짱' 자리를 지키기 위해 폭력으로 힘이 약한 아이들을 제압합니다. 힘이 약한 친구들은 자신을 보호하기 위해 폭력을 방관하고, 굴복하지요.

　어떤 친구들은 자신이 더 주목을 받아야 하는데 아이들이 다른 아이에게 관심을 가지고 있으면 그 아이를 노골적으로 비난하기도 하고, 패거리를 모아 집단적으로 따돌리기도 합니다. 이런 과정이 심해지면 학교폭력으로 이어지고, 학교폭력에 시달리면 극단적인 상황까지도 벌어질 수 있습니다. 당장 때리고, 놀리고, 무시하는 행동을 통해 상대방을 제압하고 그것으로 문제가 해결됐다고 생각하면 안 됩니다. 인정을 받기 위해 타인을 괴롭히는 것은 잘못된 행동이에요.

　또래 사이에서 인기 있는 아이들의 특징을 살펴보면 자존감과 공감 능력이 높습니다. '자신이 가치 있는 존재'라는 자존감을 가진 아이들은 타인을 대할 때도 존중하는 마음을 가지고 있어요. 자신이 가치 있는 것처럼 타인도 가치 있는 존재라고 생각해서 함부로 대하지 않고, 타인의 기쁨도 아픔도 깊이 공감합니다.

다시 한번 말하지만 청소년 시기 정말 중요하고 필요한 것은 스스로를 중요하게 여기는 자존감과 다른 사람의 감정에 공감하는 능력입니다. "내가 아픈 것처럼 저 사람도 아프구나. 내가 기쁜 것처럼 저 사람도 기쁘구나"라는 공감 능력이 친구관계에서의 행복감을 만들어 줄 거예요.

그럼 여기서 10대 아이들의 우정을 위한 세 가지 비법을 공개하겠습니다. 이 비법은 친구를 사귀는 일뿐 아니라 앞으로 인생을 살아가는 데 있어 꼭 필요한 것들입니다. 바로 배려, 솔직함, 칭찬이에요.

첫 번째, '배려'란 상대방을 돕거나 보살피기 위해 마음을 쓰는 것을 말해요. 배려는 사람과 사이를 연결해주고, 사람을 기분 좋게 만드는 힘으로, 친구를 사귀는 데 있어 핵심적인 기술입니다. 친구를 잘 사귀는 사람들은 자신의 의견을 내세우기 전에 상대방의 생각과 입장을 먼저 생각해요.

두 번째는 '솔직함'입니다. 인기가 많은 사람들은 주변에 자신의 모습을 있는 그대로 보여줍니다. 잘난 척하지 않고, 그렇다고 자신의 능력을 과소평가해 이야기하지도 않아요. 자신이 잘못한 것이 있을 때는 사실대로 말하며 사과하고, 자신의 입장과 반대되는 의견에 대해서도 자신의 입장을 제대로 밝힙니다.

세 번째는 '칭찬하기'예요. 상대방의 말에 괜스레 토를 달거나 비난하기보다는 좋은 점을 부각시켜서 칭찬해보세요. 진심을 담은 칭찬을 하기 위해서는 상대방의 장점을 발견할 수 있어야 합니다. 장점을 이야기하기 위해서는 긍정적인 사고로 세상을 바라보게 되지요.

학교 생각만 해도
머리가 아프다면

아침에 눈을 뜨면 부지런히 학교에 갈 준비를 하고, 하교 후에도 숙제에 매달리거나 친구들과 이런저런 시간을 보내고 있나요?

이 책을 읽는 대다수의 10대 아이들은 하루 일과를 학교에서 또 학교 공부와 활동과 관련된 일로 가장 많이 보낼 거예요. 10대 시절의 큰 비중을 차지하는 만큼 학창 시절은 어른으로 성장하기까지 개인의 삶에 많은 영향을 미칩니다. 자신의 꿈과 희망을 만들어 나가고, 능력도 욕구도 다양한 친구들과 뒤섞여 서로를 이해하며 사회성의 가장 중요한 토대를 아이들은 학교라는 곳에서 형성합니다.

행복한 학창 시절은 평생 기억에 남아 괴로울 때 힘이 되고, 인생의 길을 잃었을 때 희망이 되어 줍니다. 그런데 그렇지 못한 경우가 요즘은 더 많아 보입니다. 뉴스를 보면 '학교폭력'이라는 네 글자가 너무 익숙하게 나와요. 오히려 학교가 스트레스의 근원이라는 이야기까지 들리곤 합니다.

학교를 스트레스의 근원으로 만들어가는 요인은 너무나 다양합니다. 따라잡기 힘든 수업 진도와 너무 많은 숙제, 친구들과의 경쟁, 성적에 대한 압박 등 어느 하나라고 콕 집어 말할 수 없을 정도로 복합적이죠. 그중 저는 '폭력'에 대해 강조해서 이야기하고 싶습니다.

폭력은 불완전한 인간이 좌절을 표현하는 방법 중 하나예요. 성장기 과정에 있는 아이들이 폭력을 경험한다면, 폭력을 통해 사회와 타인을 바라보는 눈을 가지게 되고, 내면과 뇌 발달에도 영향을 받습니다.

폭력은 인간의 본성 중 하나이기 때문에 어른들이 나선

다고 해서 완전히 없앨 수는 없어요. 하지만 폭력을 예방하고 최소한으로 줄여주며, 경험에서 교훈을 찾도록 돕는 것은 가능합니다. 그것이 어른들의 몫이기도 하죠.

✦ 분노는 우리가 흔하게 경험하는 감정이자
  자연스러운 감정이에요.
  내 안의 화를 잘 다스려 긍정적인 에너지로
  바꿀 수 있다면 어려움을 겪을 때
  쉽게 극복할 수 있어요.

친구가 농담을 건넸는데 자신을 비웃는다고 생각하고, 지나가며 어깨가 살짝 부딪혔을 뿐인데도 자신을 때렸다고 판단해 과격한 행동을 하는 아이들이 있습니다. 사소한 일에도 부모님께 반항하게 되고, 갑자기 욱하는 행동이 튀어나와 친구들과도 잦은 다툼을 벌이는 아이들도 있지요.

청소년기에는 이성적인 판단보다는 조금만 부정적인 감정이 들어도 자신을 보호하기 위해 즉각적인 반응을 보입니다. 청소년기 뇌는 그럴 수밖에 없어요. 상황을 이성적으로 판단하기보다 자기 마음대로 해석하는 뇌 때문에 서로가 서로를 오해하고, 충동성과 폭력성을 자제하지 못해 문제가 커지게 됩니다. '왕따'나 '학교폭력'도 이러한 뇌의 특성에서 비롯되는 결과예요.

어른은 전전두엽을 사용해 감정을 해석하는 반면, 10대는 편도체를 이용해 타인의 감정을 읽습니다. 아몬드 모양처럼 생긴 편도체는 우리 뇌에서 공포와 분노 등의 감정을 담당합니다. 원시시대부터 위험으로부터 자신을 보호하기 위해 발달시켜온 부분으로, 10대의 거칠고 반항적인 행동이 바로 편도체의 영향에서 나온 것입니다.

화를 잘 내는 이유는 어떤 문제에 부딪혔을 때 화내는 것 말고는 다른 방법을 배워본 적이 없기 때문이에요. 화를 폭발하고 폭력을 사용하면 문제가 해결된다고 자기도 모르게 생각하고 있는 거죠. 그렇다면 어떻게 화를 조절할 수 있을까요?

화가 났을 때 그 정도의 감정을 온도계의 온도로 표현

해 봅시다. 화가 100도까지 올라갔을 때는 빨간불이 켜진 상태라고 볼 수 있어요. 잠깐 자신의 행동과 생각을 일단 중지하고, 크게 한숨을 쉬세요. 그 상태에서 점점 온도를 50도로 낮추어 노란불 상태로 만들어 보세요.

노란불 상태가 되면 이제 그토록 화가 났던 이유를 곰 곰이 생각해 볼 수 있습니다. 왜 화가 났는지, 내 잘못된 생각 때문에 화가 난 건 아닌지, 나의 숨겨진 욕구 때문에 화가 난 것은 아닌지 잘 생각해야 합니다. 내가 화가 난 원인을 찾으면 비로소 파란불이 켜지게 되는 거예요. '그 래 좋아', '그럴 수도 있지', '다음 기회가 또 있겠지'라고 상황을 인정하고 받아들일 수 있다면 폭력적인 방법은 더 이상 사용할 필요가 없어질 거예요.

거친 말을 하고, 어른들의 말에 반항적인 태도를 보이 는 것은 뇌 발달 과정에서 정상적인 과정입니다. 청소년 기는 뇌의 리모델링 과정과 성장 호르몬의 영향으로 여러 가지 시행착오를 겪을 수밖에 없으니까요. 시행착오를 겪 는 과정에서 왕따와 같은 학교 폭력 문제도 발생하고 이를 긍정적으로 극복하면서 한층 성숙해지는 것이죠. 이는 자연스러운 발달 과정입니다. 이 불안정한 시기를 지나야만 10대 아이들은 성숙한 어른으로 성장할 수 있어요.

그러나 모두가 거치는 발달 과정이라고 해서, 도가 지나쳐 타인을 힘들게 하거나 괴롭히고 죄책감을 느끼지 못한다면 뇌 발달에 문제가 있다고 봅니다. 내 안의 분노가 너무 커져서 '죽고 싶다'는 말을 자주 한다거나 법을 어기는 행위를 한다면 도움이 필요한 상황이에요. 감정적으로나 행동적으로 문제를 보인다면, 스스로 조절하기 어렵다면 그것은 뇌의 문제일 확률이 높습니다. 그렇다면 반드시 전문가의 도움을 받으세요. 일찍 문제를 발견하고 치료하면 얼마든 건강하게 극복할 수 있습니다.

행복은 자존감에서
시작됩니다

여러분은 스스로를 얼마나 사랑하고 아끼나요? 자존감自尊感을 글자 그대로 풀이하면 '스스로를 존중하는 마음'이라고 할 수 있습니다. 이를 심리학적으로 설명하면 '자신의 가치를 인정하고 사랑하는 마음'이라고 할 수 있지요.

자존감이 높은 친구들은 '나는 참 소중한 사람이다'라고 생각하기 때문에 어떤 이유가 있어도 자기 자신을 망가뜨리는 행동을 하지 않아요. 함부로 가출을 한다거나 술과 담배를 하지 않고, 친구와 문제가 생겼을 때도 폭력보다는 대화로 해결하려고 합니다. 실수를 하더라도 다른 사람 핑계를 대지 않고, 그 실수를 만회하기 위해 더 많은 노력을 기울이지요. 또한 자신이 해야 할 일을 타인에게 시키며 제압하려 하지 않습니다. 자신의 몸과 마음을 소중히 여기기에 타인도 소중하게 대하는 것이지요.

반면에 자존감이 낮은 친구들은 '나는 별 볼 일 없는 사람이야. 할 수 있는 일도 없고, 아무리 노력해도 안 돼' 하는 마음으로 매사에 위축된 모습을 보입니다. 또는 그 반대로 낮은 자존감을 보상받기 위해 약자를 괴롭히고 그 위에 서려고 하는 경우도 있지요.

자존감의 토대가 되는 것은 자신과 타인을 구분할 수 있는 자아 개념이에요. 세상에 막 태어난 아기들은 자신의 존재를 인식하지 못합니다. 주 양육자인 엄마와 자신을 동일시해 엄마와 자신이 한 몸이라 느끼는 것이지요. 만 3세가 되면 아이는 자기 자신을 '나'라고 표현하면서 본격적인 자아 개념을 인식하기 시작하고, 만 4~5세가 되면 자아 개념이 자신을 포함한 가족과 집 등으로 넓어지게 됩니다. 시간이 흐르면서 자아 개념이 확장되면서 자기중심적 사고에서 벗어나 타인의 감정을 이해하기 시작하고 자신의 감정을 통제할 수 있는 능력도 갖추게 됩니다.

간혹 자존감과 자존심을 헷갈리는 친구들이 있습니다. 하지만 둘은 엄연히 다릅니다. 일상생활에서 많이 쓰이는 자존심이란 말은 '남과 비교해서 우위를 차지하려는 마음', '다른 사람에게 굽히지 않으려는 마음'이에요.

자존감은 특정한 비교 대상이 없어도 스스로를 귀하게 여기고 존중하는 마음인 반면 자존심은 항상 비교 대상이 있습니다. 나보다 잘난 사람, 더 예쁜 사람, 돈이 많은 사람 등 비교 대상이 있어서 자신이 조금이라도 뒤처진다고 느끼면 '자존심이 상한다'는 표현을 하게 됩니다. 그래서 자존심이 지나치게 높으면 열등감을 느끼게 되죠.

자존감이 높은 사람은 자신보다 능력이 없는 사람을 무시하지 않아요. 그 사람에게도 존중받을 만한 좋은 점이 있다고 생각합니다. 반면에 자존심이 강한 사람은 자신보다 능력이 없는 사람을 무시하고, 자신보다 나아질 수 없을 것이라 평가합니다.

실패를 대하는 태도에서도 차이가 나요. 자존심이 강한 사람은 실패했을 때 다른 사람을 탓하거나 자신을 과소평가해 우울감에 빠지기 쉽습니다. 반면에 자존감이 높은 사람은 실패했다고 하여 자신의 가치까지 낮춰 생각하지 않습니다. 실패의 원인을 분석하고 재기하기 위해 노력합니다.

✦ 행복은 자존감에서 시작됩니다.
   좋은 경험이 내 안에서 쌓이다 보면,
   마음의 키인 자존감도 쑥쑥 자랄 거예요.

행복한 삶을 살기 위해서는 자존심이 강한 사람이 아니라 자존감이 높은 사람이 되어야 합니다. 자존감이 높으면 당당하게 자신을 표현할 수 있고, 잘못을 했을 때 핑계를 대지 않고 인정할 수 있어요. 타인을 배려하고 스스로 문제를 해결하려고 하지요.

특히 청소년기 초기인 중학교 1~2학년 때는 뇌 발달이 계속되고 있는 시기이기 때문에 외부 자극에 따라 자존감도 달라질 수 있어요. 이 시기의 뇌는 말랑말랑한 공과 같아서 어떤 자극을 받느냐에 따라 그와 관련된 뇌 부위가 영향을 받습니다. 자존감은 물론이고 친구에 대한 배려심, 절제력, 인내심 등 다양한 인성이 형성됩니다. 무엇보다 이때 형성되는 가치들이 한 사람의 인생에 방향성을 만들게 됩니다.

자존감은 스스로 경험하고 깨닫는 과정에서 성장합니다. 사람은 경험을 통해 배우고 성장해요. 아무리 타인이 이래라저래라 잔소리를 해도 그것을 쉽게 받아들이지 못하는 것은 경험을 통해 배운 것이 아니기 때문입니다. 긍정적인 마음으로 다양한 경험을 많이 해보세요. 일상생활에서 스스로 계획을 세우고 그 계획을 지키도록 노력하여 원하는 결과를 얻기를 바랍니다.

예체능으로
마음을 토닥토닥

마음의 상처를 극복하려면 어떻게 해야 할까요? 마음의 작은 불편함이나 상처를 스스로 돌보지 않으면 언젠가 덧나게 됩니다. 한 번 다친 마음은 쉽게 회복하기 어려워요. 하물며 학교폭력 같은 경우는 평생 지울 수 없는 상처가 됩니다. 문제가 해결되어도 폭력을 겪었다면 '외상 후 스트레스 장애'에 시달리는 경우가 많아요.

'외상 후 스트레스 장애'란 생명에 위협을 느끼는 상황과 같이 심각한 사건을 경험하거나 목격한 후에 나타나는 불안 장애를 말합니다. 친구에게 왕따를 당했던 장면이 계속 떠오르거나 타인에게 괴롭힘을 당하는 꿈을 자주 꾸기 때문에 늘 긴장하게 되고, 또다시 학교폭력을 당할 수 있다는 불안감에 휩싸이게 되는 것이죠. 불안하다 보니 다른 일에도 의욕이 생기지 않고 무기력해 공부에 집중할 수가 없어요. 학교생활을 활기차게 하지 못합니다. 잠을 잘 자지 못하고, 자더라도 악몽에 자주 시달리니 몸도 점점 약해집니다. 오랫동안 후유증을 겪게 되는 거예요. 하지만 그럴수록 마음을 더 세심하게 살펴야 합니다.

✦ 내 마음이 아픈 줄 몰랐나요?
   마음이 아프기 전에 세심하게 돌보아야 해요.
   마음을 표현하는 예체능 활동으로
   아픈 마음을 튼튼하게 만들고 회복할 수 있답니다.

   마음의 상처를 극복하려면 충분한 시간과 다각도의 문제해결 방법이 필요해요. 그래야 다시금 학교폭력에 처할지라도 이겨낼 수 있는 내면의 힘이 생깁니다. 그것이 우리가 지속적으로 상처를 돌봐야 하는 이유예요.

학교폭력 후유증을 극복할 수 있는 다양한 프로그램 중 우리 아이들에게 저는 예체능 활동을 권하고 싶어요. 예체능 활동은 공감력을 키우는 데 큰 도움이 되고 다친 마음을 회복하는 데도 효과적이에요. 활동하고 싶은 분야는 아이들이 좋아하는 것을 선택하면 됩니다. 좋은 영화를 보고 문학작품을 읽거나 피아노를 칠 수도 있고, 운동을 배워 볼 수도 있겠지요. 자신이 좋아하는 예술을 즐기며 오감이 행복해지는 경험을 청소년기에 해봤으면 좋겠어요. 그 경험 자체가 10대의 마음이 단단해지도록 이끌어 줄 거예요. 한번 치유의 기쁨을 느끼면 비가 온 뒤에 단단히 땅이 굳는 것처럼 힘든 일을 겪어도 이겨낼 수 있는 내성이 생길 거랍니다.

문화예술은 자기표현, 자신에 대한 탐색, 정서적 긴장 완화 효과와 더불어 말로 표현하기 힘든 것에 대한 의사소통의 창구가 됩니다. 이성적 판단보다는 감정적 행동이 앞서는 청소년기 아이들에게 효과적인 의사표현 수단이라고 할 수 있어요. 말로는 다 표현할 수 없는 마음의 응어리를 예체능 활동을 통해 시원하게 날려버리기를 바랍니다. 그리고 무엇보다 '재미있게', '꾸준히' 진행되어야 함을 기억하세요. 자신이 좋아하는 예체능 활동을 한두 가지 골라서 일상의 숨통을 틔우고, 꿈도 키우며 행복하게 지낸다면 쉽게 무너지지 않는 단단한 마음이 만들 수 있습니다.

사랑받는 느낌이
단단한 마음을 키웁니다

서연이는 부모님에게 전화가 오면 화들짝 놀랍니다. 친구
들이랑 즐겁게 놀다가도 부모님의 호출이라면 긴장을 잔
뜩 한 채로 집으로 돌아갔어요. 서연이의 통금시간은 저
녁 7시. 친구들이랑 떡볶이를 사 먹어서도 안 되고, 탄산
음료도 마셔서는 안 됩니다. 그밖에 친구들이 모르는 제
약들도 많아요. 그래서 서연이는 자신이 자꾸 위축되는
느낌을 받습니다. 친구들 사이에서 서연이의 별명은 '7시
신데렐라'입니다.

반면 희영이는 부모님이 정한 규칙들만 잘 지키면 하고

싶은 것은 웬만한 것은 다 할 수 있는 자유를 누립니다. 친구들이랑 놀다가 더 놀고 싶으면, 부모님께 통화하고 허락만 받으면 충분합니다. 친구네 집에 가서 자고 와도 되냐고 묻는 데도 주저함이 없죠. 친구들과 일주일에 한 번 마라탕 먹으러 가는 것도 빠지지 않습니다. 최근에는 아이돌에 푹 빠져서 친구들과 지방으로 콘서트까지 다녀 왔어요.

서연이와 희영이는 서로 대조적인 가정환경에서 지내고 있습니다. 달라도 참 너무 다르죠. 서연이는 표현을 억제하는 권위적인 가정환경 속에서 성장하고 있어요. 반면 희영이는 표현이 자유로운 환경에서 성장하고 있네요. 무엇보다 부모님께서 희영이의 결정을 온전히 존중하고 믿어주시는 듯 보여요. 여러분의 가정 분위기는 어느 쪽에 좀 더 가깝나요?

✦ 결핍은 마음을 허기지게 하고,
　관심은 마음을 배부르게 합니다.
　사랑받고 있다는 느낌은

마음이 건강한 성인으로
자랄 수 있게 도와줍니다.

사회에는 규칙과 질서가 있습니다. 규칙과 질서를 지켜야 하는 이유는 서로의 편의를 위해서뿐만 아니라 그것이 나에게 안전하고 결국 이득이 되기 때문입니다.

규칙과 질서를 배우는 1차 공간은 가정입니다. 제약이 너무 많은 것도 문제지만, 너무 없는 것도 문제입니다. 10대 친구들은 부모님의 터치가 잔소리로 느껴질 거예요. 하지만 부모님이 하루 종일 게임을 해도 터치하지 않는다면 과연 좋기만 할까요? 아이들은 며칠간은 좋아할 수 있지만, 이상하게도 마음은 편치 않을 거예요. 그런 기간이 길어질수록 마음 건강에도 문제가 생기게 됩니다. 게임 때문이기도 하지만 부모님의 돌봄이 부족한 데서 느껴지는 관계의 결핍 때문이죠.

하지만 아이들이 직접 부모님과 게임 시간을 논의 후 하루에 1시간 또는 1시간 30분으로 시간을 정한다면, 게임 시간이 부족해서 아쉽다고 생각할지언정 조절 능력,

가족 소속감, 사랑받고 있다는 느낌 등은 더 강해질 것입니다. 적절한 한계를 설정하는 것은 조절 능력을 내면화시켜 마음이 건강한 성인으로 자랄 수 있게 합니다.

10대에는 또래 관계가 매우 중요합니다. 마음을 터놓을 친한 친구를 두는 것이 중요하죠. 10대 친구들은 세상이 친구관계 속에서 돌아간다는 느낌을 받을 거예요. 그래서 따돌림의 문제나 학교폭력 문제가 발생하면 다른 어떤 시기보다 상처가 크고 오래갈 수 있어요.

하지만 친구관계에는 많은 신경을 쓰면서 부모님과의 관계는 그다지 관심을 갖고 있지 않은 것 같습니다. 부모님과 벽을 쌓고, 소통을 불통으로 바꾸는 친구들이 많아지고 있어요. 하지만 저는 부모님과 조금씩 가까워지면서 관계를 개선했으면 합니다. 그렇다면 어떻게 해야 아이와 부모님 사이가 좋아질까요?

먼저 부모님과 10대 자녀들이 서로 공유하는 소재가 많아졌으면 합니다. 공통 관심사가 많아질수록 서로 대등한 눈높이에서 바라볼 수 있는 기회가 늘어나게 되고 마음의 거리를 점차 좁히며 애착 경험을 쌓아갈 수 있답니다.

두 번째로는 일상에서 서로의 마음을 표현하고 들어주는 시간을 가졌으면 합니다. "제가 했던 말 중에 혹시 아빠한테 상처를 주었던 말이 있나요? 이건 너무 심했어! 라고 느끼신 적이 있으면 편하게 말씀해 주세요."와 같은 말들로 쑥스럽지만 대화의 물꼬를 트고 서로의 마음속에 남았을지 모를 아픔을 들여다보고 "미안한 마음"을 표현했으면 합니다.

마지막으로 무엇보다 서로 어렵게 꺼낸 속마음에 부정적으로 반응하거나 무시하지 말고 그대로를 인정해 주세요. 처음에는 어색할지 몰라도 표현하는 일이 자연스러워지면서 차츰 익숙해지고, 관계 역시 한층 더 발전할 거예요.

따돌림을
당하고 있어요

고민 있어요!

같이 어울리던 친구들이 어느 날부터 저를 '없는 존재'처럼 여기는 게 느껴져요. 어제까지 함께 밥 먹고 수다 떨던 친구들인데 제가 다가가 말을 걸면 비웃는 태도로 자리를 피하고, 하굣길에도 저를 피하거나 째려봐요. 일부러 제 물건을 함부로 가져가 쓰기도 합니다. 그 중심에는 그룹의 리더 격인 윤지라는 친구가 있어요.

며칠 고민하다가 윤지에게 "왜 나한테 이러는 거야?" 하고 물었더니, 황당한 답이 돌아왔어요. 제가 당황하면서 쩔쩔매는 게 재미있다고 하더라고요. 모범생이라고 생각했던 윤지가 저를 놀리면서 즐거워한다는 사실에 큰 충격을 받았어요.

같이 어울리던 친구들이 갑자기 다른 반응을 보여서 불쾌했군요. 많이 당황했겠어요. 고민하다가 솔직하게 물어보기까지 힘들었을 텐데 아주 잘했어요. 멋진 용기입니다.

놀림의 대상이 되었을 때 처음 할 수 있는 방법은 바로 '무시하기'예요. 가해하는 친구들은 대부분 상대방이 보이는 반응이 재미있어 계속 괴롭히는 경우가 많습니다. 그러므로 화가 나더라도 가해아이가 괴롭힐 때는 일단 무시하는 방법을 쓰도록 해요. 그 아이의 말에 대꾸하지 않고, 반응을 보이지 않는 것입니다.

몇 마디 말에 발끈해 감정적으로 대응하는 일이야 말로, 가해아이가 노리는 것이므로 침착하게 반응하려고 노력하세요. 무시하기를 마음속으로 연습해보는 것도 좋습니다. 이때는 행동으로만 무시하는 태도를 보이지 말고,

마음속으로도 상대아이를 대수롭지 않게 생각할 수 있으면 더 좋습니다.

혹 '무시하기'에 실패했다면 "하지 마"라고 분명하고, 단호하게 의사표현을 할 수 있어야 합니다. "네가 자꾸 나를 괴롭히면 선생님(혹은 부모님이나 전문기관)께 알릴 거야. 네가 지금 하는 행동은 법적으로 처벌을 받을 수 있어" 하며 가해 행동에 대해 어떻게 행동할 것인지 정확히 전달하는 것입니다. 이때 당당한 자세와 강한 어조로 이야기할 수 있어야 해요.

강한 의사표현은 생각보다 효과가 있어요. 가해자는 자신을 공격할 수 없을 것으로 예상되는 대상을 표적으로 삼는 경향이 있습니다. 그래서 그들의 눈을 보고 단호하게 "하지 마"라고 이야기하면 보통은 그 자체만으로도 한 발 뒤로 물러서게 됩니다. 이때 사람이 없는 곳에서 혼자 대하지 말고 친구들이 모여 있는 곳으로 자리를 이동하도록 합시다. 괴롭히는 아이들은 자기가 수적으로 밀리는 것을 싫어하기 때문입니다.

이런 단호한 행동에도 따돌림과 놀림이 반복된다면, 반

드시 부모님과 담임 선생님에게 얘기하고 도움을 청하도록 해야 합니다. 분명히 여러분을 도와서 문제를 해결해 주실 거예요.

엄마의 비교가
힘들어요

고민 있어요!

엄마는 제가 유별나다고 해요. 엄마 친구 딸은 저랑 동갑인데, 그 친구랑 저를 비교하는 일이 많아요.

친구 이름은 현아예요. 현아는 차분하고 조용하고 인사도 잘하는데, 저는 살갑지 않다고요. 현아는 부모님과 잘지내는 것 같고 학교생활도 잘하고, 공부도 꽤나 잘하는편이라며 엄마는 현아랑 저를 끊임없이 비교해요.

그런 이야기를 들을 때마다 저와 엄마 사이에 커다란벽이 생긴 기분이 들어요. 그렇다고 제가 부모님과 소통을 안 하는 편도 아니고, 대들거나 학교생활에 문제를 일으키지도 않거든요. 저는 저대로 행동할 뿐인데, 억울하기도 하고 화도 나요. 때때로 엄마에게 벗어나고 싶은 마음이 생깁니다. 제가 현아처럼 어른들한테 따뜻하게 못 대하고, 괜한 반항심이 드는 감정이 생기는 게 이상한 건가요?

쌤의 상담 노트

엄마가 다른 친구랑 비교해서 속상했군요. 듣기 싫은 말을 반복적으로 들으면 신경이 예민해질 수밖에 없어요. 아주 자연스러운 일입니다. 화가 나는 것이 당연해요. 다른 친구들은 청소년기를 무난하게 지나가는 것처럼 보이는데, '왜 나만 이렇게 힘들지' 하는 생각이 들기도 하죠.

전두엽의 가지치기로 여러분의 뇌는 지금 지각변동이 일어나는 중이에요. 생물학적으로 보편적인 변화입니다. 뇌의 지각변동은 모두가 같은 시기에 발생하는 것도 아니고, 똑같은 반응을 표현하는 것도 아니에요. 당연히 저마다 반응이 다를 수밖에요.

모두가 똑같이 뇌 발달 시기를 겪는데, 왜 제각각 반응이 다를까요? 그건 지금까지 경험한 것들이 저마다 다르기 때문이에요. 우리는 서로 다른 환경 속에서 살아왔고, 경험한 어린 시절이 다릅니다. 청소년이 되기 전까지의 주요 발달 단계에서 경험의 종류와 성취감의 크기에 따라 저마다 다른 모습을 보일 수 있어요.

청소년기는 개인의 기질과 성향, 부모와의 관계, 성장 배경 등으로 인한 영향이 모두 드러나는 시기입니다. 보다 자세히 개인적 차이를 만드는 세 가지 키워드로 여러분의 행동을 읽어볼게요.

1. 애착

'애착이불'이나 '애착인형' 같은 말 들어봤나요? 너무 좋아해서 떨어지기 싫은 사물 앞에 '애착'이란 단어가 붙곤 해요. 애착은 태어나면서 만 3세까지 부모님과의 관계를 통해 형성되는 정서적 유대감이에요. 이때 형성된 애착이 10대에 다시 중요한 요소로 드러납니다.

안정된 애착이 형성되었다면 10대가 되어 혼란스러운 시기가 되어도 변함없이 자신의 불안을 부모님께 털어놓고 위로받으려 해요. 불안정한 상황을 마주했을 때 안정적인 부모님에게 다가가 기댐으로써 위로를 받게 되지요.

불안정한 애착을 맺고 있다면 부모님과의 관계가 더 흔들릴 수도 있어요. 자신의 어려움을 이야기해도 도움받지 못한다고 생각해 아무런 조치를 하지 않게 됩니다. 불안정한 마음이 든다면 애착 문제에서 비롯된 것은 아닌지 살펴보세요. 더 나은 방향을 찾는 열쇠가 될 수 있습니다. 내가 부모님에게 짜증을 내고 불안해하는 것은 나를 보아달라고, 나를 얼마나 사랑하느냐고 확인하려는 반응일 수 있거든요. '내가 왜 그럴까?' 고민하지 말고, 부모님께 먼저 말해보세요.

2. 자율성

부모님이 자꾸 통제하려고 하나요? 먹는 것, 입는 것, 공부, 씻는 시간, 잠드는 시간까지 모두 간섭하는 부모님에게서 벗어나고 싶나요?

부모님은 우리에게 가장 중요한 존재입니다. 하지만 존
재 자체가 부담스러워지면 부모님에게서 벗어나려는 생
각에 사로잡혀 다른 것에 집중하거나, 친구에게 더 의지
하게 됩니다. '나'를 드러내기 위해 더욱 반항하는 것이죠.
본질이 흐려집니다. 그때 내 마음과 생각을 부모님이 충
분히 알 수 있도록 솔직하게 표현해 보세요.

자율성은 청소년기를 거쳐 성인이 되기까지 반드시 갖
추어야 하는 필수 요소입니다. 성인이 되기 위한 과정인
10대가 시작되면 자율성에 대한 욕구가 커지기 마련입
니다. 나와 부모님의 생각이 완전히 다르다고 해도, 내 감
정을 앞세우지 말고 충분한 대화를 나눠 해결하도록 합
시다.

3. 기질

기질은 내가 가진 고유한 성격과 행동 양식을 말합니다.
부모님이 물려주는 것, 유전적으로 타고나는 것입니다.

어떻게 바꾸기 힘든, '그렇게 태어난 모습' 그 자체예요.

기질은 무엇이 좋고 나쁜 것이 없어요. 말 그대로 타고나는 것이니까요. 기질은 10대 초·중반이 되었을 때 내면의 복잡함, 불안 등을 어떻게 처리할 것인가, 나를 둘러싼 통제를 어떻게 벗어날 것인가를 결정하는 부분에서 크게 드러나요.

자연스럽게 있는 그대로를 인정하면 됩니다. 나 자신을 소중하게 대해 주세요. '내가 갑자기 왜 이렇게 되었지?' 하고 자책할 일이 전혀 아니에요.

제가 계속해서 강조하는 건 부모님이 마음을 읽을 수 있도록 시간을 가지고 대화를 시도하면서 표현하는 거예요. 처음에는 어색할 수 있지만, 자신의 이야기를 터놓는 것만으로도 부정적인 감정들이 많이 해소될 거예요. 게다가 부모님과 건강한 관계를 맺을 수 있는 것은 덤으로 따라온답니다.

한 번쯤 행복하게
웃고 싶어요

고민 있어요!

저는 학년이 올라갈수록 이상한 기분에 휩싸이곤 합니다. 누군가가 저를 괴롭히는 것도 아니고 친구들과의 관계도 좋은 편인데, 때때로 모든 것이 다 귀찮아져요. 조용히 음악을 듣는 게 가장 편안하고 친구들이랑 노는 것도, 공부하는 것도, 재미난 일을 찾는 것도 전부 흥미가 없습니다. 왜 그런지 이유를 찾고 싶은데 도무지 모르겠어요. 혼자 생각에 잠길 때마다 저 자신에게 문제가 있다는 생각밖에 들지 않습니다.

하루는 인터넷 창을 켜서 '우울'을 검색했는데, 제가 찾고 싶은 자료가 아니라 자극적인 내용으로 가득했어요. 멍하니 바라봤던 기억이 있네요. 도대체 도움을 어디에서 구해야 할지 도통 모르겠더라고요. 예전처럼 소리 내서 웃고, 진심으로 즐거워하고 싶은데 그게 마음처럼 잘되지 않습니다. 다시 행복해지고 싶어요.

쌤의 상담 노트

행복해지고 싶다는 친구의 말에 울컥하네요. 행복은 우리가 일상생활에서 느낄 수 있는 충분한 만족과 기쁨입니다. 멀리 있는 게 아니라 늘 우리 곁을 맴돌고 있는 것이죠. 단지 우리의 마음에 달려 있는 문제입니다.

문제가 발생해도 자신을 객관적으로 바라보지 못하고, 문제해결 자체를 포기하는 경우도 많습니다. 문제에 대한 '자기 인식'을 칭찬해주고 싶어요. 또 진짜 문제가 맞는지, 자신의 문제가 도움이 필요한 일인지 끊임없이 생각한 것만으로도 해결의 실마리를 찾은 것 같습니다. 그런데 문제해결을 위한 가장 적합한 방법인 도움을 줄 사람을 아직 발견해내지 못한 것 같아요.

이상한 무기력함에 자꾸 지배되어서 걱정이 된다면 먼저 부모님께 지금의 상태를 솔직히 털어놓았으면 좋겠어요. 문제가 생겼거나 어려움에 처했을 때 어른에게 도움을 청할 수 있다는 것을 꼭 기억했으면 해요.

스스로 보호하려고 가상공간에서 모르는 사람에게 답을 구하거나 또래끼리 이야기하다 보면, 문제의 방향이 잘못 흘러갈 가능성이 크거든요. 정신과의사, 청소년상담 전문가 등 제대로 도움을 줄 수 있는 전문가를 찾아 예약하고 만나보세요. 직접 찾아가 도움을 청하는 것이 좋아요. 그래야 대화를 통해 상태를 정확히 파악할 수 있어요.

친구가 지금 느끼는 우울감은 마음의 면역력이 많이 떨어졌기 때문에 발생한 거예요. 본인이 좋아하는 가벼운 운동을 하거나 걷기, 복식호흡 연습하기, 음악 듣기, 소설이나 에세이, 시집같이 좋아하는 책 읽기 등을 해보세요. 기분을 전환하는 데 도움이 될 거예요. 마음을 편히 쉴 수 있도록 하세요. 그리고 푹 쉬었다면, 그때 몸을 움직이는 신체활동을 통해 에너지를 채웠으면 좋겠어요.

무엇보다 '우울', '행복' 등의 감정에 집착하기보다는 지금 이 순간, 현재의 활동에 집중한다면 일상의 작은 행복을 발견할 수 있으리라고 생각해요.

원하는 대로
마음먹은 대로

꿈이 현실이 되는 세상에서 살아가는 것이 과연 가능할까
요? 여기에는 두 가지 조건이 필요합니다.

첫째는 현실의 척박함에 매몰되지 않고 꿈을 꿀 수 있
어야 한다는 것, 둘째는 오랫동안 꿈을 꾸준히 유지할 수
있어야 하는 것이지요. 이를 위해서는 현실 속에서 꿈을
실현할 수 있는 구체적인 방법을 찾아야 합니다. 그리고
그 꿈을 이루어나갈 친구들과 함께 노력해야 해요. 설령
꿈이 좌절된다고 해도 희망을 버리지 않고 다시 일어설
수 있어야 합니다. 이 두 가지 조건은 꿈을 이루어가는 사

람들에게서 발견되는 공통점이에요.

요즘은 꿈을 꾸기 어려운 시대라고 해요. 현실은 암울하고 미래는 점점 더 어두워진다고 말하기도 하지요. 하지만 모든 시대에 걸쳐 위기와 혼란은 있었어요. 그리고 그러한 환경에서 인간의 뇌는 매우 효율적으로 위험을 피하고 안전에 대한 대책을 세울 수 있도록 진화되어 왔습니다.

꿈을 현실로 바꾸는 데 필요한 것은 바로 꿈을 꾸는 것 그 자체와 좌절을 극복하고 끝까지 꿈을 포기하지 않는 힘입니다. 저는 그 힘을 '낙관주의 힘'으로, 꿈을 위해 노력하는 사람을 '낙관주의자'라고 말하고 싶어요.

제가 의과 대학생 시절이었을 때, 당시 저는 정신의학과 심리학을 공부하고 싶다는 꿈이 있었어요. 인간의 마음을 연구하면서 주로 관심을 가졌던 주제는 '왜 같은 뇌를 가진 사람들이 같은 경험에 대해서 서로 다른 해석과 판단을 하게 될까?' 하는 것이었습니다.

예를 들면 여자 친구에게 차이는 경험을 한 뒤에, 어떤 사람은 '더 나은 여자 친구를 만나기 위한 과정'으로 경험을 해석하고 꾸준히 미팅과 소개팅을 열심히 하곤 합니다. 또 다른 사람은 '이제 더 이상 저런 여자 친구는 만날 수 없을 거야'라고 자신의 경험을 해석해 밤낮으로 힘들어하기도 하죠. 이처럼 똑같은 경험에 대해서도 어떻게 해석하고 판단하는가에 따라 전혀 다른 기분이 되고, 전혀 다른 행동이 나오게 된다는 것을 알게 되었습니다.

우리가 매일 경험하는 스트레스도 마찬가지예요. 우리를 괴롭히는 주범이라고 생각되는 스트레스의 실체를 살펴보면, 사건 자체보다 그 사건을 어떻게 해석하느냐가 더 중요해요. 그 해석에 따라서 사건은 견디기 힘든 스트레스가 되기도 하고, 또는 동기를 부여하는 자극이 되기도 하니까요.

개인이 가진 해석의 틀은 세상을 바라보는 데 많은 영향을 미칩니다. 내게 벌어진 별로 좋지 않은 사건, 또는 실수로 빚어진 어떤 결과를 '해결 가능'하다고 볼지, 아니면

'해결 불가능'하다고 보는지는 여러분이 세상을 어떤 방식으로 바라보느냐에 달린 것과 다름없어요.

꿈을 이룰 기회는 모든 사람에게 주어집니다. 그러나 꿈을 실현하고 행복한 삶을 사는 것은 자신의 한계를 극복한 사람들에게 주어지는 특별한 기회입니다. 여러분은 자기 인생의 주인이 되어 같은 꿈을 가진 사람들과 더불어 꿈을 이루며 살아가기를 믿고 또 응원합니다.

KI신서 13085

천 번을 흔들리며 아이는 어른이 됩니다

1판 1쇄 발행 2024년 10월 30일
1판 9쇄 발행 2025년 5월 15일

지은이 김붕년
펴낸이 김영곤
펴낸곳 (주)북이십일 21세기북스

서가명강팀장 강지은 **서가명강팀** 강효원 서윤아
디자인 STUDIO 보글
마케팅팀 남정한 나은경 한경화 권채영 최유성 전연우
영업팀 한충희 장철용 강경남 황성진 김도연
제작팀 이영민 권경민

출판등록 2000년 5월 6일 제406-2003-061호
주소 (10881) 경기도 파주시 회동길 201(문발동)
대표전화 031-955-2100 팩스 031-955-2151 이메일 book21@book21.co.kr

(주)북이십일 경계를 허무는 콘텐츠 리더

21세기북스 채널에서 도서 정보와 다양한 영상자료, 이벤트를 만나세요!
페이스북 facebook.com/jiinpill21 **포스트** post.naver.com/21c_editors
인스타그램 instagram.com/jiinpill21 **홈페이지** www.book21.com
유튜브 youtube.com/book21pub

서울대 가지 않아도 들을 수 있는 **명강**의! 〈서가명강〉
서가명강에서는 〈서가명강〉과 〈인생명강〉을 함께 만날 수 있습니다.
유튜브, 네이버, 팟캐스트에서 '서가명강'을 검색해보세요!

ⓒ 김붕년, 2024

ISBN 979-11-7117-863-6 03590

10대를 위한 첫걸음

'처음이야'는 더 쉽게, 더 새롭게, 더 유익하게
부모와 자녀가 다 같이 읽는 온 가족 지식교양 시리즈입니다.
'처음이야'와 함께 우리 아이와 더불어 성장하는 기쁨을
만끽해보세요.
